実録　放送作家が明かす
テレビ黄金期の舞台裏

hayashi keiichi
林 圭一

［解説］
高土新太郎
kouduchi shintaro

言視舎

目次

1　わたしとテレビの出会い

「それがなんだ」といわれればそれまでだが、一九五三（昭和二十八）年の二月一日にＮＨＫが、そして八月二十八日には、民間放送第一号として日本テレビが、都内二十九カ所と関東周辺に十三カ所の街頭テレビを設置して、午前十一時二十分に放送開始。

時の宰相吉田茂以下二百人の来賓が参加しての開局式に続いて、天津乙女、南悠子という宝塚スターの「寿式三番叟」が番組のトップを飾った。

そして記念すべき本邦初のＣＭは、精工舎提供の正午の時報。

これがフィルムを逆回転させてしまったため、ピッピッピッ・ポーンといくべきところが、ポーン・ピッピッピッとなってしまったという噂はあるにせよ、無事放送はスタートした。

以来、星の数ほどの番組が現れては消えていった。

どの番組も、特にバラエティ番組は必死になって視聴者のご機嫌を取り結んだ挙げ句に、視聴者に飽きられ、そうなると生みの親であるテレビ局からも厄介者扱いされて、捨てられる運命にあった。

そこでせめて、私が直接関わったり、見たり聞いたりした番組だけでも取り上げて供養しようというのが、この本の趣旨だ。

そこでまず、わたしは一体何者なのかを記しておかなければなるまい。

一九五三年夏。

わたしは仕事にあぶれていた。

当時のわたしの仕事は、舞台監督。

劇場で演じられる芝居やショーを、演出家の意図通り進行させる役目である。

昭和二十三年に、菊田一夫の弟子となり、以後古川ロッパ一座、劇団空気座、新宿セントラルというストリップ劇場と渡り歩いたわたしは、最後のセントラル劇場が火事で閉鎖になり、ヌードの姐さんたちや、起田志朗、由利徹、八波むと志、南利明といった出演者と共に、劇場を放り出されたところだった。

さて、これからどうしよう。

と、考えたって仕事が飛び込んでくるわけじゃない。なるようにしかならないさ、とそこは独り身の気安さ。それまで通い慣れた新宿を毎日ブラブラ。さいわい、映画館や劇場には顔パスが通用する。

とはいっても、映画館だって一巡すればもう見るモノはない。今の新宿松竹の上に、劇場があって、そこで、演芸のようなモノや、石井均が座長で芝居をやっているのを見に行ったり、好きな珈琲屋で時間をつぶしたりと非生産的なことを毎日繰り返しているときに、新宿の街頭で初めて「街頭テレビ」というモノを見た。

どんな番組だったかは覚えてはいないが、何だか小学生時代、夜、校庭で見せられた野外映画のようなもんで、ただそれと違うのは昼間でも見られたことと、画面が小さいことだった。なあんだ。

半分拍子抜けしたように「街頭テレビ」の前を離れた時、突然、わたしは閃いた。

日本テレビには、戦前東宝の社長も勤め、日劇ダンシング・チームの生みの親でもあり、また敗戦直後、新宿の帝都座五階劇場で「額縁ショー」を制作するなど、異色の文人として丸木砂土のペンネームを持つ、秦豊吉が重役になっていた。その関係で、わたしたち東宝系の舞台監督の先輩、村越潤三が東宝を辞め、テレビのディレクターとして日本テレビに入社していたのだ。

そうだ、村越潤三に逢いに行こう。ひょっとしたら日本テレビの仕事を回してくれるかもしれない。と、虫のいい考えで、善は急げとばかり、日本テレビのある四谷麹町に向かって、新宿から国電に乗り込んだ。


四谷で降りて屋敷町を結構歩いたところに日本テレビはあった。

それが不思議だった。

テレビといえば映画と同じくらいにしか考えていなかったわたしは、東宝や日活、大映のように、郊外の広い敷地に撮影所風なモノがあると思っていたからだ。

当時の日本テレビの建物は、今の西館と呼ばれている部分だけの広さだった。今の南館や駐車場は、その頃はＩＢＭの建物で、鉄塔をのぞけばこちちのほうがよほど大きく堂々とした建物だった。

今ではまったく面影はないが、正面に前庭があって、そこを入ると左手に小さなサロンがあって、お茶が飲めるようになっていた。ディレクターと番組の関係者なんだろう、台本を前にあわただしく、ガヤガヤと打ち合わせすると、サッと前の小さなスタジオに入っていった。

なにか珍しいモノでも見るように、ボヤッとそれを眺めていたわたしに、村越が言った。

「もう忙しくて……お前もストリップなんかやめて、こっちへ来たらどうだ」

彼はまだセントラルがつぶれたことを知らなかった。

「これからはテレビの時代だぜ。エノさんとこ（エノケン劇団のこと）の河野和平もいるし」

瓢箪から駒とはこのことだ。こんなに早く話が進むとは思わなかった。これからはテレビの時代になるかどうか知らないが、これで仕事にありつけそうだ。

「お願いします」

渡りに船と、仰せに従った。

「ディレクターの仕事なんて、半年もあればすぐ覚えるさ。そうなりゃあ、お前もテレビのディレクターだぜ」

村越潤三は嬉しいことを言ってくれた。

ところが、数日後、日本テレビ放送網株式会社の重々しい通達を見ると、なんと配属されたところは美術部。それも大道具係。大道具係というのは、舞台でもそうだが、裏方の中でも、セットの背景やら何やらを、スタジオに飾り込む、大変に力のいるシンドイ仕事だ。怠惰なわたしは、これまで箸より重いモノを持ったことのない、ヤワな人間だ。

これじゃあ話が……と不服顔のわたしに村越潤三が言った。

「もうこっちは満杯なんだよ。だからアキが出来たら引っ張ってやるからさ、しばらく辛抱していろよ」

というわけで、ナグリ（トンカチの事だ）を腰に挟んで、格好だけは一人前の大道具係が一人出来上がった。

しかし、この大道具係。根っからだらしがない。

今の北館と呼ばれている建物の、今でもあるのだろうか、日本庭園のあるアズマヤ風の建物がテレビに出演するＶＩＰの控え室になっていた。その手前に、セットに使うさまざまな背景や、張り物、小道具などが置かれた大きな倉庫があって、その片隅がわたしたちの控え室だった。

大道具係は、総勢七、八人くらいいたろうか。

後に『ダイヤル一一〇番』などのディレクターとして活躍する高井牧人。これも後に『ゲゲゲの鬼太郎』や「ヒッチコックの声」で知られる声優の熊倉一雄。日本テレビの総務部畑で厚生部長などを歴任した深見撥とか、後に日本テレビの横浜支局長になった蒲生某などという人たちが一緒だった。

みんな大道具なんて経験がありそうにない。

まがりなりにもわたしは、舞台で時折手伝ったこともあるけれど、もちろん本職じゃない。

高さ2間（約3m半）幅1間（約2m）程のベニヤ製の張り物は、支えているだけでグラグラする。

その安定の悪いヤツを、一人で、倉庫から引っ張りだしスタジオに運ぶんだから、そりゃあ大変な作業だ。

コツがわからなくて、腰が定まらないから、あっちへヨロヨロ、こっちへフラフラ。何のことはない、働き蟻が、大きな葉っぱをくわえて、右往左往しているような案配だ。しかも、蟻ほどの力もないから、そのうちに、張り物を支えられなくなって、自分のほうに倒れかかってくる。それを何とか押し返すと、今度は反対側に倒れそうになる。こうなった時が一番始末が悪い。始めたばかりのウインド・サーファーよろしく、張り物を、手前に引き戻すのに大汗をかく。

悪戦苦闘の末、ようようスタジオに運び込んでも、それで終わりじゃない。これをデザインどおり飾る作業が残っている。

こうして、フウフウいいながら、ようやく飾り終わって、控え室に戻ったときには、もう番茶を飲む元気もない。

そうこうしているうちに、他のスタジオの番組の放送が終わると、それっとばかり、そのスタジオに駆けつけて、使っていたセットをバラし、それをまた倉庫に運び戻す作業にかかる。再び蟻さんの行列だ。

この難行苦行が終わったからといって、その日の仕事が終わるわけじゃない。

翌日、そのスタジオを使う番組のセットを、またまた倉庫から引っぱり出し、これをスタジオに運んで飾り込む作業にかかる。

そして、明日も、その翌日もまた翌日も……毎日この繰り返しだ。

こいつは、永遠にキリがない。一つ飾っては父のため……二つ飾っては母のため……。何がテレビの時代だ。ここは、時代の最先端をいくテレビ局の、賽の河原だ。


朝起きると、身体中が痛い。

こりゃあえらいところに入っちまった。こらえ性のないわたしは入社早々にネを上げた。

すると、タイミング良く、有楽町の、日劇に来ないかという話が転がり込んできた。日劇とは、今の有楽町マリオンのところにあった、東宝の大劇場である。

そりゃあ今の仕事を辛抱してテレビ・ディレクターになるよりは、馴れた舞台監督の仕事のほうがはるかにラクだ。それでも、一宿一飯の恩義があるから、わたしは当時の佐瀬という美術部長に相談した。

「それは、そちらのほうが貴方のためになりますよ」

と、励ましのお言葉を戴いて、退職届を提出した。

その結果を、村越潤三に報告すると、彼はフンと口をへの字に曲げてニヤリとしただけだった。

やはり舞台はいい。

もちろん、テレビの本番のような緊張感もある。しかしテレビのそれよりずっとユッタリと落ち着きがある。

テレビの本番と来たら、そりゃあせわしない。スタジオ中が大騒ぎだ。スタジオの主役は、役者ではない。デンと構えた二台か三台の大きなテレビ・カメラだ。

こいつが、わたしたちが飾り込んだ、汗と涙のセットの狭い中を右に左に動き回る。そのたびに、それぞれのカメラについている、昔懐かしいヴァキューム・カーのような太いケーブルが、ズルズルとのたうつ。カメラが右に左に動き回ると、それにつれて動き回るケーブルが、絡み合わないように、若い助手が火事場の消防士のようにそれを抱えて、よろけまわる。その間を縫って、フロマネという、舞台でいえばわたしたちのような、現場のまとめ役の指図で、役者が右往左往する。

さらにその間を縫ってわれわれ大道具や小道具、衣装といった裏方さんたちがせわしなく飛び回る。

なにしろナマ放送だ。

余計な物音を立てられないから、全員声も立てず、極端に足音をしのばせての作業だ。

後で聞けば、ディレクターになるには、このフロマネというヤツは経験しとかなくちゃならないんだそうだ。

クワバラ、クワバラ。やっぱりわたしは、辞めて正解だった。

ということで、わたしはまたもとの古巣の舞台に戻ってしまった。
昭和二十八年も暮れ近くのことだった。

2 時代の先端を行く職場

翌昭和二十九年になると、あの「街頭テレビ」に異変が起きた。

「力道山のプロレス」の登場である。

その迫力は凄かった。

わたしはたちまちプロレスファン、ということは「街頭テレビ」ファンに変身した。

わたしばかりじゃない。テレビのまわりに集まった野次馬は道路まであふれ、車はおろか都電までストップさせるほどの勢いだった。

このプロレスを、テレビに持ち込んだのは、日本テレビの戸松信康というプロデューサーだそうだ。彼はアメリカのテレビでプロレスが凄い人気番組だってことを知って、たまたまその時アメリカでプロレスの修業をして、日本に帰ってきた力道山を羽田空港に出迎えて、その場で直接口説いて話を決めたんだという。

まあボクシングよりは動きがあって、テレビ的には見やすいスポーツだと思ったっていうから、彼の読みがズバリ当たったというわけだ。

一方わたしは、仕事の合間に「街頭テレビ」にかじりついていた。

その後、米軍に接収されていた有楽町のアーニーパイル劇場が返還され、元の東京宝塚劇場として再開することになると、そのコケラ落としのために、日劇から東宝劇場に移り、東宝ミュージカルス・東宝歌舞伎などを担当しているうちに四、五年経って、今度は東宝が大阪梅田と東京新宿にコマスタジアムという、とんでもない劇場を開館。そのコケラ落としにまたまたコマ劇場へと、缶詰の缶切りよろしく新しい小屋を開けてはそこに立てこもって、お客の入りに頭を悩ます日々を続けていた。

そんなわたしに「テレビの台本を書いて見ませんか」と声を掛けてくれたのが、日本テレビのディレクター三宅八弥だった。

そんな関係もあって、以来私は、ほとんど日本テレビで仕事をしてきた。ときには日本テレビの社員より、会社への出席率が良かったことさえある。そんなわけで、日本テレビ以外のことは、あまりよくわからない。

だから、これからのことは、特に断っていない限り、日本テレビでの出来事である。

三宅八弥に呼ばれた私は、五階にあった、芸能局の音楽部を訪ねて行った。

エレベーターを降りて、一歩中に入って驚いた。やたらに人が多く、やたらに明るく、やたらに陽気で、やたらに騒々しい。くすんだような空気の流通の悪い、狭い部屋に、万年胃弱のような人間がボソボソと数名いるだけの、劇場の制作室とはえらい違いだ。

　さすが、時代の先端をいく職場だ。特にフロアーの一角のデスクには、ビシッと決めたスーツの襟から、極端にハイカラーのYシャツを覗かせた、一見バンド関係者を思わせる派手な面々が、陽気にはしゃいでいる。

　それが、当時人気の番組**『光子の窓』**や**『シャボン玉ホリデー』**を作っている、井原忠高を筆頭に、秋元近史、白井荘也などの、いわゆるジャズ班と呼ばれたディレクターの集団だった。

　御大(おんたい)井原忠高が、かつて「黒田美治とチャックワゴン・ボーイズ」のメンバーだったということもあって、「シーチョウ」「ナオン」などのサカサ言葉やツェーセン・ゲーヒャク、エフマン・オクターブセン等という音楽畑の金銭の呼び名が飛び交っていた。


　そんな符丁を知ってたって、何の役にも立たないが、知らない人のために、ここでちょっと知識をひけらかせば、ツェー・デー・エー・エフ・ゲー・アー・ハー（C・D・E・F・G・A・H）とは、音楽のド・レ・ミ・ファに当たるドイツ語を数字の一・二・三・四に当てはめたものだ。

　そして八がオクターブ。九がナインとなる。


　余計な話はさておいて。

　私のお目当ての三宅八弥は、同じ音楽部なのにそこには姿が見えなかった。と思ったら、騒々しいジャズ班のデスクの反対側に、妙に静まり返っている一角があった。それが、歌謡班と呼ばれる人たちのデスクで、班長格の三宅八弥をはじめ、村上義昭、栗田晴雄など学究肌の人が多く、ジャズ班とは対照的に地味な存在だった。ちなみに、村上義昭は音大出であり、栗田晴雄は東大卒である。

ところが、そこにそんな地味な雰囲気にはまったくそぐわない、とんでもない男が一人いた。それが、後に**『踊って歌って大合戦』『おのろけ夫婦合戦』『コント55号の裏番組をブッ飛ばせ!!』『TVジョッキー』『テレビ三面記事ウィークエンダー』**などを創り、視聴率男、ハレンチ・低俗番組の帝王と異名を取ることになる細野邦彦だった。

3 細野邦彦との初対面

それ以来、わたしは彼とは昭和五十六年、袂を分かつまでの永いつき合いとなった。

テレビの仕事、たとえば台本の書き方といったようなことを教えてくれたのは、三宅八弥だが、ヒット番組作りの基本である、視聴者の人情の機微の摑み方という点では、細野邦彦に教えられるところが多かった。

私も、劇場の観客を相手にモノを創ってきた。だから観客の心をくすぐる人情の機微の摑み方は、多少は心得ているつもりだった。ところが、細野邦彦を知るにつれ、その点自分がまったく幼稚であることに気がついた。だいたい、大勢の人間の心を捉えるモノを創るには、頭で考えただけでは駄目だ。経験を積むことしかない。私はその経験を、現場で学んだ。しかし細野は、人生経験ですでにそれを身につけていた。この差は大きい。

細野の生い立ちは、とても立教大学卒、日本テレビ入社という華麗な経歴からは、想像出来るもんじゃない。

一言でいえば「悪ガキ」だった。それも、ただの「悪ガキ」じゃない。中学時代、同級生に京都のヤクザの親分の息子がいた。そのヤクザの親分が、息子に言ったという。

「細野は不良だから付き合うな」……と。


昭和八年、東京生まれ。

秀才であった父親の血を引いて「マジメで頭のいい子」だったという。

父親の転勤で、金沢から京都と、各地を転々とした。最終的には京都は宇治市、製茶の盛んな伊勢田の兎道小学校を卒業したのが、昭和二十一年のこと。

終戦の翌年である。戦後の混乱のまっただ中だ。京都は、戦火を免れたとはいえ、人の心は焼けただれていた。

そんな時代の子どもである。

近くに進駐軍の倉庫があった。中にはコンデンス・ミルクや肉、チョコレートなどの缶詰が一杯詰まっている。それが「悪ガキ」どもの絶好のターゲットとなった。彼らは、群がって倉庫から缶詰を奪い取ることに熱中した。

もちろん、その中に、邦彦少年の姿もあった。

そこには、食うためにとか、生きるためになんていう理屈はない。相手はヤンキーだ。見つかったら射殺されるかもしれない。

そんなスリルが、彼らをかき立てる。

しかし、せっかく危険を冒して盗み出しても、この缶詰にはラベルが貼ってない。だから中味は開けてみるまでわからない。これもまた、スリルだ。大きな缶詰を「肉か、ミルクか」と期待して開けたところ、単にボイルしただけの野菜だったなんてこともある。それでも持ち出したことに意義があり、満足だった。

「悪ガキ」にとって、こんなにも面白く、ためになり、生き甲斐を感じることはない。おかげでイヤでも行動は素早くなる。

その「悪ガキ」の「ガキ」が取れて、本格的な「ワル」になったのは、彼が平安中学に進学してからである。

伊勢田から京都の平安中学までは電車通学だ。その車中で、細野にラブレターを直接手渡した女の子がいた。すると彼は、ツカツカとその女の子の前に行き、満座の中で、もらったラブレターを大声で読み上げたという。

バツが悪くなったのか、彼女は途中下車してしまう。

ナンパにはエンはなかったが、ケンカに明け暮れる毎日だった。

やくざの親分が、我が子に意見したというのもこの頃だ。腕っ節は強くなかったが、向こうっ気が強い。俗にいう喧嘩上手。

それを証明するような話がある。

後年、彼が日本テレビに入社して、一人前のディレクターになった頃。読売巨人軍に入団した国松が、別の番組のゲストでスタジオに来た。国松と彼は、平安時代の同級生だ。卒業以来国松に会っていない細野は、懐かしさもあり、自分もここでディレクターだということも自慢したくて、スタジオに国松を訪ねた。

「よう……」

と細野に声をかけられて、国松はウロタエた。

「あ、細野か。まあ俺もようやく、こうして一人前になれたから、これからはメンドウ見られるよ」

何のことはない国松は、細野が、いっぱしのヤクザになって、タカリに来たと思ったらしい。

「俺はこのテレビ局のディレクターだよ。と言った時の国松の、びっくりしたような、ホッとしたような顔ったらなかったよ」

と、彼はいたずらっ子のように明るく笑った。


話を彼の中学時代に戻す。

その頃は闇物資の花盛り。ここでもまた、彼は活躍する。敗戦後のモノ不足とはいえ、あのころは金さえ出せばなんでもあった。そこで暗躍するのが、闇ブローカー。

邦彦少年は、彼らを相手に、街で見つけたアカガネや銅の廃品等、手当たり次第に手に入れたブッを売りつける。

相手は、社会の底辺に生きる、悪知恵の働く大人たちである。この欲の皮の突っ張った大人たちと
の駆け引きで、彼は上辺は取り澄ました連中も一皮むけば、ズルさ、セコさの塊だということを見破る眼力を養っていった。

これが、けっこうな稼ぎとなって、すべてこの世は「金と力」だということを、早くも悟る、恐るべき少年であった。

そんなキャリアのある、羊の皮を被った狼男が、エリート集団ともいえるテレビ局に入社したんだから、無事で収まるはずがない。果たして、芸能局に配属になる前の、ニュース番組の映像のバックに流す音楽を選出する職場で、始末書モノの出来事を引き起こした。

あろうことか、昭和天皇の映像のバックに「枯れ葉よ〜」と「枯葉」の曲を流したのである。

戦前なら不敬罪モノだ。

そして芸能局音楽部へ。

4 『日立・圭三ビッグプレゼント』

しかし、どうみてもジャズ班向きな細野邦彦が、なぜか、慶応の学生時代は「ダーク・ダックス」の連中と、ワンダー・フォーゲルで一緒だったという、ロマンチストでナイーブな感覚の持ち主、三宅八弥のアシスタント・ディレクターとなったのだから、皮肉なもんだ。

「よりによって」

細野は自分のツキのなさを呪った。

しかし、上司は上司である。

その上ツキのなさは、まだあった。その後数年、会社が新入社員を採用せず。その間ずっと歌謡班では、一番下っ端として我慢しなければならなかったことだ。

ある朝、彼はいつもより早く局に顔を出した。といっても芸能局の朝は遅い。十時半くらいのことである。デスクには、まだ誰も来ていない。その時、目の前の電話が鳴った。習性から、思わず受話器を取った細野の耳に飛び込んできたのは。

「?·?·?·カッタ。○?·△□OK?·カッタ」

英語だかフランス語だか、何語かわからない言葉の羅列。ときどき言葉の中に挟まる、カッタというのは、細野の先輩ディレクターで、語学はペラペラの秀才、勝田のことらしい。

そこまでは見当ついたが、「勝田はまだ来ていない」という言葉がわからない。だから返事のしようがなく、さすがの細野も持て余している。

と、その時。ひとりの先輩が出社してきた。

シメタ！と細野は、先輩への挨拶もソコソコに、ごく自然に受話器をその先輩に渡した。

「ハイハイ。お待たせしました」

先輩は自分への電話だと思うから、元気良く答えた。


細野は、少し離れたところでその成り行きを見つめている。

すると、その先輩の声が段々とくぐもってきた。やがて先輩の声が小さくなったかと思うと、彼は徐々に受話器を耳から離していきながら、そのままソッと電話を切ってしまった。そして細野に言いわけがましくつぶやいたという。

「なんか、いたずら電話みたいだったよ」


私が、細野と仕事上で関わり合うようになったのは、その少し後。

正確には昭和三十六年二月。三宅八弥から『**あなたへのひとりごと**』というレギュラー番組の仕事をもらった時からである。その番組のアシスタント・ディレクターが、細野邦彦だった。

番組の内容は、浅丘ルリ子のロマンチックな語りと、それに見合う映像と音楽で見せる、三宅好みのムーディなものだった。

それが細野には気に入らない。

「NHKの番組じゃあるまいし」

と打ち合わせのたびごとにボヤく。

その後。

自分が三宅八弥から譲られて、この番組のディレクターとなると、彼は早速、構成者を、当時何本かのテレビ番組の構成を手がけていた半田興一郎に変えて、その内容を一新した。

といっても、彼はまだ完全にディレクターとして一本立ちしたわけじゃない。

その合間には、三宅八弥が担当する『**日立・圭三ビッグプレゼント**』のアシスタントも務めなければならなかった。


『**日立・圭三ビッグプレゼント**』。

司会は、NHKを辞めたばかりの高橋圭三。ディレクターは三宅八弥。

高橋圭三が、時のスターの芸を挟んで大いに語り合う番組である。

その時のゲストは森繁久弥。

雑用係の細野邦彦は、スタジオでフロ・マネを務めていた。例によって軽いノリで構成を担当していたわたしは、細野とともにスタジオにいた。

これはナマ放送じゃない。ビデオ撮りである。深夜、リハーサルが始まった。背景は波止場。森繁が歌う場面。スタジオに現れた森繁に、三宅八弥が説明する。

「始めはこちらに立っていただくといいと思うんですよ。そしてこちらに移動しながらワンコーラス歌っていただいて、間奏ですね、ここに……」

満面にコビの笑みを浮かべながら、馬鹿丁寧に説明する三宅の言葉を、聞いているのかいないのか、森繁が、ボソっとつぶやいた。

「ここにドラム缶が欲しいねえ……」

「なるほど、なるほど」

うなずいてスタジオを見回した三宅八弥は、細野を見つけた。

「チコ（細野はこう呼ばれていた）、すぐにドラム缶を用意して！」

これには聞いていた私が驚いた。用意しろといったって、今は夜中の一時半。小道具さんもいないし、いたってこの時間ではどうにもならないだろう。

しかし、細野は私に「行こう」と声をかけると、スタジオを飛び出した。

「どうする？」

「どうするっていったって、巨匠（三宅はこう呼ばれていた）が言うんだから持って来るしかないよ」

「だってこの時間で」

なにか採算があるのか、細野はニヤッと笑うと局の前の道を、麴町四丁目の交差点のほうに歩きだした。

この道はかなり急な下り坂になっている。下りきると、ほぼ同じくらいの上り坂があって新宿通りとの交差点に出る。

ここまで来て、私はなるほどと思った。

当時、その向こうにはガソリン・スタンドがあったのだ。確かに、ガソリン・スタンドにはドラム缶がゴロゴロしている。その中から、空とおぼしき缶を選んで、前後を持って運び出した。要するに無断借用である。終わったら返しておけばいい。

ところでドラム缶は、空といったって相当重い。二人でヨチヨチ通りを渡りきったところで息が切れて、ガックリきた。

「これを局まで運ぶのかよ」

すると、細野は道の真ん中でドラム缶を横倒しにした。

ここから先は急な下り坂である。細野は思いきりドラム缶を蹴飛ばした。ドラム缶は、勢い良く坂道を転げ落ちる。

ウン。これなら楽だ。とホッとした私の耳に、突如。

ガンガラガンガンガーン！

闇をツン裂くとはこのことだろう。もの凄い音が、深夜の屋敷町にコダマする。

私は肝が冷えた。しかしもう止めようがない。坂下で止まるまで耳を塞ぐしかない。坂の下からは、今度は二人で押し上げなければならない。これが重労働だ。

こうして汗だくで、スタジオにドラム缶を運び込んだときは、もう二時をだいぶ回っていた。


ドラム缶の到着を待って、早速本番開始。

順調に進んで、やがて問題の森繁の歌の場面となる。

登場した森繁は、リハーサルの時の、三宅八弥の説明などまったく無視して、勝手に、しかし気持ちよさそうに歌い終わった。

だが、せっかく苦労して運び込んだドラム缶には、触れるどころか、近寄りもしなかった。

「何のこっちゃい」

夜もシラジラと明け始めた頃。細野と私は、再びガンガラガンの大音響に怯えながら、ドラム缶をスタンドに返しての帰り道、細野はシミジミ私に話しかけた。

「巨匠はね、外面が良すぎるんですよ。タレントの言うことなら、なんでもハイハイなんだから。違う？」

「そうですね」

相づちを打つ私に、彼はなおも語り続けた。

「そのくせボクには、毎日お説教ですよ。それもテレビ演出のことならともかく、俺の人生に対する考え方は間違っている。と、こうくるんだから」

確かに、細野に人生を説教するのは、釈迦に説法だ。

「でも、こっちは下っ端だからジッと黙って聞いてるだけ」

と、またまたいたずらっ子のように首をすくめる。


彼が三宅八弥への不満を私に語ったのは、この時が初めてである。

三宅八弥によって、テレビの仕事にありついた私は、当然彼から見れば、三宅側の人間、つまり敵として映っていたようだ。しかし、これまでに何度か一緒に仕事しているうちに（こいつは別に三宅に忠誠心を持ってないな）とわたしのいい加減さを、彼独特のカンで見破ったからに違いない。


その細野邦彦が、今度はディレクターとして『日立・圭三ビッグプレゼント』を担当することになった。その時のゲストは村田英雄。

細野は考えた。

（巨匠にはできないモノを作ってやろう）

そうはいっても、レギュラー番組である。そうそう突飛な改変もできない。そうなれば歌の部分を細工するしかない。

考えてみれば、村田の歌には『無法松』『王将』など、新国劇の演目が多い。ならば新国劇の御大、辰巳柳太郎を引っぱり出したらどうだ。

もっとも、ここまでならよくある発想である。ただし、この先が細野流となる。

彼は、歌の間奏で、辰巳に芝居をやらせたいという。

「王将の2コーラス目。『グーチィも云わずにィ　女房の小春ゥー』ってところの間奏で、辰巳に『王将』のサワリをやってもらうんだよ」

と、あまり上手くもない歌まで歌って、力説する。

「そりゃ確かに見ものだけど、仮にも辰巳は新国劇の大御所だよ、それが、言っちゃ悪いが歌謡曲の間奏で、添え物のような芝居をやるなんて、無茶すぎるよ」

「だからやりたいんだ。無法松の間奏で、辰巳の叩く祇園太鼓の乱れ打ち。これはウケるよ」

そりゃあウケるだろう。

「問題は辰巳がＯＫするかどうか」

「とにかく聞いてみてよ。巨匠の鼻をあかしたいんだから」

そこでわたしは、当時新国劇の総務だった金子市郎に電話した。理由を説明すると、電話の向こうで金子市郎は、あきれた声で言った。

「テレビっていうのは、すごいこと考えるね。ま、オヤジに聞いてみるよ」

二日後、返事が来た。

「OKだってさ、オヤジも物好きだからな」

しかも、『王将』のサワリをやるために、小春役の香川桂子まで出演させてくれるという。

たかが二、三分の芝居のために……。


さて、本番当日。

村田英雄は緊張しまくっていた。

聞けば、辰巳とは初対面だという。それが、自分の歌につき合ってくれるとあっては、緊張するのも無理はない。

そして本番が始まった。

村田の『王将』は、力のこもった熱唱となった。

やがて間奏。

「小春ゥ……」

辰巳の名調子は、妙に『王将』のメロディにフィットする。

さらに圧巻は、細野の目論見通り、『無法松』の祇園太鼓の乱れ打ちだ。

打ち納めたとき、思わずスタジオにいた関係者から、拍手が沸き起こった。現在の番組のそれのように、スタジオにいる関係者が、出演者へのオベンチャラの笑いや拍手とは、中味が違っていた。

細野は結果に満足した。

その後、新国劇の金子市郎は、座員たちから、

「ウチの座長をサラシ者にして」

と、激しい突き上げを喰らったという。


こうしてディレクターとして完全に一本立ちした細野邦彦は、ようやく自分のレギュラー番組を持つこととなった。

しかし、まだ身分は三宅班の一員である。

頭の上には三宅八弥がいる。

なんとかこの班から逃げ出したい。

そんな彼に、耳寄りな話が飛び込んできた。

5 裏切り事件

昭和三十八年のことだった。

「チコ、お、お、おれ今度、裕次郎の番組をやることになったからよ、お、お前、三宅んとこなんか外れてこっちへ来いや」

裕次郎というのは、もちろん石原裕次郎のことだ。

声をかけたのは、音楽とは別のセクションのプロデューサー・増田善次郎。

細野にとっては渡りに船。願ってもない話だ。

「でも増サン。巨匠が許してくれないよ」

巨匠。三宅八弥に限らず、自分の班の人間が勝手に他の班に移ったりしたら、シフトにも影響する。しかも、闇取引で自分の前から逃げ出されたとあっては、三宅八弥のメンツ丸つぶれである。とても許可されるとは思えない。

「増サンから、巨匠を口説いてよ」

「そ、そんなもんお前、や、やっちめえばこっちのもんじゃねえか」

まだ自分の子分を持たない増田善次郎は強引だ。だからといって、自分が三宅と話して、細野をもらい受ける交渉をする気はサラサラない。ニヤニヤしながら、細野をケシかけるだけだ。

この増田善次郎も八方破れの人物だ。

明治大学卒、そのくせ当初は、日本テレビの鉄塔下にあったパーラー風な喫茶室で、白ワイシャツに黒の蝶ネクタイ。われわれ利用者を相手に、

「ハイ。コーヒーね、ありがとう」

なんて言っていた。

それが、いつの間にか姿が見えなくなったと思ったら、ある日突然、芸能局の一角に陣取り、バリッとした背広姿で、プロデューサーとして由利徹、八波むと志、南利明ら脱線トリオの番組を手がけ、ドモりながら、ふんぞり返っていた。

それが妙に板に付いて、独特な、人を喰った雰囲気があった。

態度のデカさである。増田善次郎のほうが年長だから、さすがの細野も歯の立つ相手ではない。細野は悩んだ。

こんなチャンスは、またとない。といって三宅八弥に自分から話すのも気が進まない。

そこで細野は腹を決めた。

その日、わたしは細野に呼び出された。

そこには、以前から細野とコンビを組んでいる半田興一郎も来ていた。

「……というわけで、増サンの番組を引き受けたんだよ、でも巨匠には内緒だから、そうだな打ち合わせは夜八時から、東家でやろう」

と言ってから、細野は、東家には裏口から入るように、念を押してつけ加えた。東家とは、私たちが台本書きによく利用する、局の近くの旅館である。

そこで**『今晩は裕次郎です』**という番組の打ち合わせが始まった。

「裕ちゃんの脚の長さを強調するようなシカケはないかねえ」

なんて盛り上がったとき。

「ごめんください」

と、玄関で声がした。

「シーッ……巨匠かな」

細野は緊張した。われわれのいる、打ち合わせの部屋は二階だ。しかし、下からの声はよく通る。

「こちらにウチの細野が来ていませんか。いやちょっと用事があるもんで」

間違いなく巨匠だ。

東家のおカミには口止めしてあるが、応対に出たのは、お手伝いのおばさんらしい。くぐもった声でボソボソ何か話している。

「ヤバイ。いったんここを逃げよう」

手早く荷物をまとめて、私たちは、料理を運ぶために、台所にだけ下りられる階段を、足音のしないように注意深く下りた。これなら玄関からは全然見えない。

巨匠はまだ話している。私たちは、勝手口から無事裏通りに出た。

「どこでもいいからバラバラな方向に走って、三十分後またここで会おう」

というと、さっと姿をくらました。まるで時代劇だ。

この時を予想して、裏口から入ったことといい、この逃げ方といい、これは大学出のエリートが考えつくことじゃない。不良少年時代のケンカの手法だろう。


こんなことがあって**『今晩は裕次郎です』**という番組が誕生した。

細野も、半ば強引に三宅八弥のカセから離れられた。

後日、三宅八弥から、私の非をなじる手紙が届いた。

昭和三十九年。東京オリンピックの年であった。

6『踊って歌って大合戦』

その頃の細野邦彦は、休日でもあまり家庭サービスはしなかった。関西育ちらしく、美食家でもあり、中華が好きだ。その日も、六本木の行きつけの中華料理店にいた。といっても、ただぼんやり注文の品が運ばれるまで待ってはいない。細い眼の奥からは、絶えずあたりを気にする好奇心の瞳が光っている。

と、そこにハッとするようないい女が男と腕を組んで入って来た。ところが、腕を組まれた男のほうは、これまたハッとするようなブ男である。

完全に美女と野獣。しかも驚いたことに、ふんぞり返っているのはブ男のほうで、なにかとマメメメしく仕えているのは美女のほうだ。

さあ細野の好奇心は忙しくなってきた。頭の中はめまぐるしく回転する。どうしてあんなブ男が、あの美女をモノにできたんだろう。見たところ男にそんなに甲斐性があるとも思えない。なのにあの仲の良さはどうだ。男が口が上手いのか、いや口が上手いだけではあれだけの女を引きつけておくことはできまい。それなら男のセックステクニックが抜群なのか。そうかもしれない。あいつら、家でもあんなにベタベタしているんだろうか。

妄想はますます膨れ上がってきて、

「あんた方はなぜそんなに仲がいいんですか」

と、聞きたくなる。

そうだ。これを番組にすればいいんだ。


これが、細野邦彦が初めて自分で企画して通した番組『**おのろけ夫婦合戦**』だ。

もちろん、それだけで番組ができるわけじゃない。特に細野の場合は、いったん番組の形にして自分の目で確かめなければ前に進まない。そのため彼は、その他大勢の出演者を集める、いわゆる仕出しプロに注文して、素人の夫婦を何組か集めさせる。

そして片っ端からノロケさせた。別に、面白い夫婦を選んだわけじゃないのに、これがなかなか面白い。まさに、事実は小説よりも奇なり、である。細野は安心して番組作りに取りかかった。


これならヒットするだろう。と信じて作ったこの番組。

司会は高橋圭三。構成者は細野が信頼する半田興一郎。

しかし圭三とこの番組では、肌の合うわけがない。と、周りが心配するより、当の圭三が病でダウン。後を継いだのが芥川隆行だ。

番組のハク付けの意味もあって、審査委員長に作曲家の服部良一を起用した。

ともあれ、この番組が二〇％近くを取って、裏番組ＴＢＳの『咲子さんちょっと』をぶっ飛ばした。

（俺が面白いと思うものは、数字が取れる）

細野は自信を持った。

同時に、強力な裏番組をつぶす快感も味わった。


これでわかるように、彼は自分の身の回りにありふれた、面白可笑しい素材を使って番組作りの基本にする。

新郎新婦、特に新郎は緊張でコチコチになっている。身体全体がブルブル震えている位だ。神主が厳かにノリトを上げ始める。そして一段と声を張り上げて、

「今日のこの良き日、何の何兵衛と……」

と言ったとき、緊張の極に達した新郎は、自分が呼ばれたと思ったのか、「ハイ」と答えたものだ。

何も神主が、出席を採っているわけじゃない。

これには参列者が仰天した。次に忍び笑いの渦が全員に広がった。

しかし、新郎はそれにも気づかず、真剣である。笑っちゃ失礼だと思うから、よけい可笑しい。これは結婚式。おめでたい席だからまだ許される。

それがお葬式となると、もっと厳しい。

お寺の本堂で、坊さんがお経を上げている。ハンカチを目に当てた人たちに囲まれて、長時間正座していると、脚が痺れきってくる。困ったなと思った途端、自分の目の前に座っている人の、足の裏が目に飛び込んでくる。その足の裏もモゾモゾと動いて、何度も親指を組み替えている。ああやはりこの人も、俺と同じに痺れに悩んでいるなと思うと、グッと笑いがこみ上げてくる。

不謹慎だと思うとよけい笑いたくなる。それでもなんとか笑いを堪えているところに、シズシズと小坊主が二人進み出て、我々の目の前の大きな唐草模様の布をサッと引き払うと。ニュッと姿を現したのは、ドでかい木魚。

もう駄目だ。空セキで誤魔化そうが何しようが、頭の中は真っ白。脂汗がにじみ出る。一人で身もだえて、周囲から非難の目を向けられる。

「そういう笑いを、番組にしたいんだよ」

と、常々細野は言う。

この番組作りの成功に気をよくして彼は、次の番組の構想を練った。

その頃、細野は、大阪讀賣テレビが制作している『**アベック歌合戦**』に興味を持っていた。この番組はトニー・谷が司会で、

「あなたのお名前なんてぇの」

「○○×男と申します」

というリズミカルなやりとりの始まりで知られていた。

「トニーの凄さは、参加した視聴者を散々肴にして、終わると冷たく突き放して次の出場者を呼び込む、そのテンポの良さにあるんだよ」

トニーを使わずに、これを越える番組ができないものだろうか、という思いがモヤモヤと彼の頭の中に渦巻いていた。

その頃は視聴者参加番組が全盛だった。

「やはり男女のカップルを登場させるしかないか」

夫婦などのカップルは「のろけ」るにせよ、「痴話ゲンカ」にせよ、本人たちが真面目であればあるほど、ハタ目にはくだらなく、バカバカしく可笑しいものだということは『**おのろけ夫婦合戦**』で実証済みだ。

しかしそのくらいのことは誰でも考えつくから、同じような番組は山ほどある。そこに殴り込みをかけるには、カップルに聞き出すだけでなく、何をやらせればいい。

それは歌か、踊りか。

歌は平凡すぎる。となれば踊りだ。それもインパクトの強い踊りがいい。

踊りといったってダンスじゃない。

彼の頭の中にあるのは、音楽に乗せてのバカ踊りだ。

「素人というのは、笑わせようと思うととんでもない行動をするからな」

会議の席上で細野は、赤尾健一を始め、八田一郎、大石浩といった若手や、半田興一郎、わたしなどを前に、こう切り出した。

「それで何かいいアイディアはありませんか」

と、われわれの思いつきを募る。

ワイワイがやがや、いろいろな意見が飛び出す。しかし、その中には、黙って目をつぶって聞いていた細野の心を動かすアイディアはなかったようだ。良いとも悪いとも言わず、細野は突然、

「踊らせる曲は、何が良いかね」

と切り出す。彼の会議はいつだってそうだ。

「そりゃあ阿波踊りの曲でしょう」

すかさず赤尾が答える。

「そうだな」

じつは細野もそう考えていた。

赤尾だって、そのへんは心得ての発言だ。二、三年も細野についていれば、そのくらいは充分見当がつく。それほど細野は徹底して、自分の個性を、視聴率稼ぎのコツを、若手に植えつけていた。

ついでにいえば、彼の会議の特徴は必ず雑談から始まることだ。

みんなに自由に喋らせて、その中からピンと来るものがあったら取り上げようという魂胆だ。その

雰囲気作りとして、まず彼は得意の漫談を喋り出す。そのネタは、たいてい我々が知っている人間の悪口だ。

人の悪口ほど聞いていて面白いものはない。特に上司の悪口はサラリーマン永遠のテーマだ。ディレクターだってサラリーマンだから、みんな面白がって聞き入る。しかも語り手は、落語家ハダシ、笑い話の名手だ。

ともすれば、会議の本題よりそっちのほうが印象に残る。

こうして笑わせておいて、ズバリ本題の核心を突いてくる。

この繰り返しと、雰囲気がダレてくると、アッサリ議題を変える。

そして特に注目するアイディアが出なければ、

「今日はこれまでにしよう」

と解散。

これが彼の会議だ。

これは先輩である巨匠、三宅八弥の会議が、結論のないままだらだら長く、ときには会議の最中に肝心の三宅八弥が、外部の打ち合わせで席を外し、深夜までその帰りを無駄に待っていなければならなかったことへの反発から生まれたものだ。

そのかわり細野は、若手の使い方は荒い。これも自分が永年三宅八弥の下で我慢の末学んだ、徒弟制度に近いA・Dのあり方を基本にしているからだ。

こうして彼は、後輩たちを自分の色に染め上げていく。そしてついてこられない者は、あっさり見限る冷たさも持っている。

話を戻すと……、

細野は、のど自慢番組などでアコーディオンの伴奏をしている横森良造に、阿波踊りを当時流行のツイスト風にアレンジした曲を依頼する。

そこまで段取って、慎重な細野は、稽古場に数十組のカップルと見物客となる人間を五十人ほど集めさせた。今はゴルフ練習場になっているが、当時新宿にあった日本テレビの稽古場に集まった数十組のカップルに細野は言った。

「これは本番じゃないけれど、バカバカしく面白い踊りを踊ったカップルには賞金を出します」

カップルの他に集めた五十人の見物客（この客の反応が細野にとっては大事だった）を前に、横森良造が演奏する「阿波踊りくずし」が流れた。

最初の一組が踊りだした。

細野のねらいどおりだった。お神楽風あり、ただクネクネの踊りあり、客が笑わないと踊りながら自分の鼻の穴にタバコを二本突っ込みながら踊る者まで現れる。多少でも賞金がかかっているとあって、そのパワーは凄まじい。

この時賞金を獲得したのは、今でいうニューハーフの髭もじゃのお兄さんと連れの女性だった。

ここまで固めて、細野はようやく司会者選びに入る。

「司会者は誰だろうね」

例によって雑談の会議で、みんなに問いかける。

みんな思い思いに名をあげる。だが、どれも例によって、ただみんなの意見を聞いてみただけで、細野の頭の中にはコレと決めていた人物がいた。

林家三平である。


上野、根岸の林家三平宅。

広々とした二階の書斎からは、連れ込み宿の派手な看板が見える。

細野は三平に言った。

「三平さん。あなたを日本一の人気者にしてあげますよ」

これには三平も驚いた。困った顔にどっちつかずの笑いを浮かべた。

「でも、それには三平さん。今までのような出たトコ勝負のお喋りはやめてもらいます。そして私の言う通りに喋って動いてくれたら。三平さん、あなたは明日から大スターですよ。ハハハハ」

あくまで人を喰っている。戦後、闇市で大人相手に渡り合った時も、キットこうだったのだろう。

奇妙な出演交渉は終わった。

それからは、番組の始めに飛び出してきて踊る、三平の振り付けが始まる。曲はツイスト調。振り付けは本職の振付師である。

三平にとっては、おそらく苦手に違いないその振り付けが、一日数時間。スケジュールの空きを縫って、ほとんど毎日続けられた。タイツ姿で額に汗して、なれないダンスに取り組む林家三平。

間違えては何度も何度も、テレ隠しのギャグも飛ばさず、真剣に集中していた三平。

それは、細野邦彦に「売り出してやる」と言われたからではない。

林家三平の芸人根性の爆発だった。

この間、細野は赤尾、八田、大石を集め、自分のアイディア、いわゆる演出プランというものを説明する。審査員は浜口庫之助、フランク永井、若水ヤエ子にする。

出場者が演技に入る前に、獲得したら賞金を何に使うか先に聞く。そして、初めに歌わせ、その歌に点数をつける。その点数を持ち点にして、次のバカ踊りで点数が上下する。

踊りがつまらなかったら、当然点数は下がる。その判定は観客の笑いで決める。点数が下がると、三平が煽る。すると出場者は焦って、より派手に踊り狂うだろう。点数を上下させるのは、それが狙いだ。

かくて新番組**『踊って歌って大合戦』**は、いよいよ第一回の公開録画を迎えた。

場所は都内の公会堂。

けっこう詰めかけたお客さんを前に、細野はまた我々の意表を突いた。本来なら、アシスタント・ディレクターが開演前、お客さんに拍手の仕方とか、さまざまな注意を行なう「前説」を自ら買って出たのである。

そして言った。

「皆さんにお願いがあります。エー、番組が始まると、林家三平さんが飛び出して来て踊り出します。その時と、次に出場者が出てきて、踊りになった時、皆さんも一緒に手拍子を打ってもらいたいんです。いいですね。じゃちょっとやってみましょう」

と、音楽を流し、自分がリードして手拍子の練習を始めた。

「もっと揃えて」「もっと強く」「キレ良く刻んで」「そう。そうそう」

何度も何度も繰り返す。

こんなことは事前に何も聞かされていなかった、赤尾、八田、大石も、舞台に飛び出してきて、手拍子を誘導する。やがて、観客全員の手拍子が力強く揃ってきた。

ザッ、ザッ、ザッ、ザッ……。

場内は、異様ともなんとも言いようのない熱気に包まれ、それだけで興奮する。彼はいったいどこで、こんな雰囲気作りを思いついたのだろう。

練習は終わった。

「ありがとうございました。その調子で本番もお願いします。この音楽が始まったら必ず今のようにやってください。そうしないと視聴率が取れなくて、ボクの給料が減っちゃうんです。ですから必ずお願いします」

こう言って引っ込んできた細野の額には、汗が光っていた。

見かけによらず、シャイなところのある彼が大勢の前で喋るなんて思いも寄らないことだった。それだけこの番組に賭けていたともいえる。


いよいよ本番開始。

三平が飛び出して来た。

「さあ、踊って歌って！」

根性で覚えた振り付けの成果を見せるときだ。

普段の三平とは目の色が違っていた。

踊る三平に合わせて、観客の手拍子。

ザッザッザッザッ。いい調子だ。

舞台の袖では、赤尾健一が、出番を前に緊張しまくっている、最初の出場者の肩に手をかけて、

「大丈夫、大丈夫。アガらないで、しっかりやってきてね」

と、一見親切風に声を掛けて、プレッシャーをかえって増大させるという高級テクニックを使っている。まさに、「勇将の下に弱卒なし」だ。

こうして無事収録は終わった。


誰もいなくなった客席には、本番の熱気がまだ残っていた。

「三平はよくやったなあ。モウ汗びっしょりだったぜ」

と、感激屋の大石が言った。

「さすが、細野さん、人を見る目がありますねえ」

八田が茶化して言う。

「バカ野郎」

細野は照れながらも、やり遂げた満足さに笑いながら言った。

「ところで、これで数字はイクツいくかねえ」

数字とはもちろん視聴率のことである。

「10……」「いや12はいくんじゃない」

「いやあ、そんなもんじゃきかないと思うな」

と、大石。

「ほう、じゃ大石はイクツいくと思う?」

「20はいくんじゃないですかねえ」

結局この時の視聴率は27％だった。

こうしてますます彼は、番組作りの自信を深めた。

その考えの元に、次に彼が創ったのが、昭和四十二年暮れ近くから始まった『ご両人登場』である。

これは、単純に二人の馴れ初めを、聞いて笑いのめそうという番組だ。それだけに、聞き出し役が難しい。

（柳の下に、もう一匹ドジョウがいる）

何といっても「夫婦」は興味深い素材だ。切り口一つで、どういう料理もできる。

前にも触れたが、細野はコレというときには関西の芸人を使う。

林家三平は例外だ。

単に聞き出すだけなら誰でもできる。何を聞き出したら笑いが取れるか、そのツボを外したら何にもならない。そこで彼は、関西落語会の大御所、桂米朝を引っぱり出した。

そしてもう一点。細野がこだわったのは、出場者を決める予選である。募集に応じて集まったカップルから聞き出して、これはイケるかイケないかを判断する。これも笑いがわかっている人間じゃないと難しい。

これだけお膳立てすると、細野はこの番組を赤尾健一と、半田興一郎に任せた。細野番組について幾つかの修羅場をくぐり抜けてきた赤尾だ。

（俺の番組作りのコツは、もうわかっているだろう。だから上手くやれや）

というわけだ。

細野は人を見る目が鋭い。というより嗅覚が発達しているのかもしれない。こいつは俺と同類だと見破るのが早い。赤尾はその眼鏡に叶ったのだろう。

もっとも、眼鏡に叶って困ることもある。細野ほど個性が強いと、組織の中では浮いた存在になる。本人は向こうっ気が強いから構わないが、その下についた者は、社内のアチコチで小突き回される。赤尾がどうだったかは知らないが、この時期、彼が鍛えられたことが今に生きているのは事実だ。

その頃、視聴率の発表は週に一度だった。

小柄な体を、紺系統のスーツに包み、だらしなくデスクの上に投げ出した足下からは、絹の靴下をのぞかせて、左手で今配布されたばかりの、視聴率表を持ち、トレードマークとなった、レーバンのサングラスのツルを右手に持ちブラブラさせながら、

「赤尾！　八田！　大石！」

と、呼びつける。

そして、彼らの担当番組の視聴率が高くとも低くとも、その原因の追及が始まる。

「なぜだ。どうしてだ」

三人への追及は手厳しい。

特に、赤尾の『**ご両人登場**』には厳しかった。

「この頃、お涙ちょうだい風な夫婦を登場させすぎないか、そんなもん刺身のツマでいいんだよ。これは視聴者を笑わせる番組なんだから」

このように、視聴率を上げることにはどん欲だった。

どうしたら数字を稼げるか。彼の番組作りは常にそこから始まった。

「俺が面白いと思う番組じゃなければ当たらない」

という信念にまで高まっていた。

7　たかが、されど視聴率

細野邦彦ほどではないにせよ、あの頃のディレクターは、視聴率を取るために、自分の知恵と能力を番組に注ぎ込んでいた。

今では視聴率は、世帯別ばかりではなく、個人別だの何だのと細かくなっているようだ。そのせいか、今のテレビ番組は、ディレクターが数人、放送作家が数人、グループとなって、ワイワイがやがや、知恵を出し合って創る護送船団方式のようだ。だから、誰が作っているのか個性がない。どこの局の番組を見ても、みんな同じ出演者、同じような内容の金太郎飴番組なのはそのためだろう。

だが、あの頃のテレビ番組創りは違っていた。

良かれ悪しかれ一人のディレクターが、自分の経験と才能を傾けて創り上げた、手作りの番組だった。それが手作りの番組の味となった。

昭和四十年から五十年にかけて、テレビ各局とも、そうしたディレクターたちが、各々自分の番組をひっさげて、視聴率争いの戦場を駆けめぐっていた。

それは勇ましかった。

まさに群雄割拠して、天下に覇を競う、戦国時代の武将の姿にも似ていた。

そんな中で、放送作家というわたしの役目は、一介の足軽として、様々な武将の許でその戦いに参加することである。

もっとも武将といったってピンからキリまである。それがピンの名将であれば、勝利の美酒に酔うこともできるが、キリの迷将だった日には目も当てられない。ひたすら、敗走に継ぐ敗走の憂き目を見なければならない。それが放送作家の宿命なのだ。

その結果が第二期黄金時代と呼ばれるまでの活気となったのだろう。


視聴率の稼ぎ方なんて別に法則はない。

要するにテレビは見世物なんだと割り切って、視聴者が見たがる見世物か、さもなければそのときの話題になる番組を創ればいいだけだ。

と、簡単にいうけれど、こいつがなかなか難しい。

その理由は、視聴者にある。

誰も見てくれなければ、その番組はつぶれるしかない。細野の言い草ではないが、民間テレビは商業放送である。だからみんなが見たがるモノを創らなければならない。

それはどんなものか、高視聴率を上げている番組を見れば、見当がつく。

つまり、テレビは本来見世物が原点なんだということをわきまえることだ。

だから「低俗だ」「社会に害毒を流す」「そんな番組を創るな」と世の良識派を自認する人たちが、いくら声高に叫んだって、所詮見世物は低俗なモノだ。そんなことを叫ぶヒマがあったら、世の視聴者が見世物など見向きもしなくなるように視聴者教育に力を入れたほうがいい。

見世物が原点となると、創り手にはテキ屋的なセンスが大いに求められる。

つまり細野邦彦の世界だ。

しかし、他のほとんどのテレビディレクターがすべて、細野のような人生体験をしてきたわけじゃないから、程度の落とし方の加減がわからない。下手なコメディアンや芸人が、笑わせようとして、下ネタに走るように、ただ下品な番組を創ればいいと考えがちだ。

当時は、今と違って大人向けの番組創りだったから、そんなものでは見世物に目の肥えた視聴者を振り向かせることはできない。

その辺のサジ加減が、一般的な大学出のエリートディレクターには難しいのだ。

視聴率はどうやって計るんだ。

番組の視聴率が悪く、手直ししなければならなくなった番組関係者が集まると、よく話題となるのが、悲鳴ともいえるこの話題だ。

「なんでも五〇〇軒くらいの家庭にセットされてるらしいよ」

「だったら、番組制作費をその家庭にバラ撒けば、この番組も、視聴率100%になるじゃねえか」

「でも、どこにセットされているか、それがわからないのがミソだもんな」

「確かに、これだけ人間がいて、ウチにセットしてあるって奴に出会ったことがない」

「もしかして、全然セットなんてしてないんじゃないの」

なんて笑い話で終わる。

それが、ヒョンなことから、もしやこの方面に視聴率の器械がセットされているんでは、とスタッフが色めき立ったことがあった。

それは『**街ぐるみワイドショー**』という番組の時だ。

この番組は、まだ、テレビ東京が東京12チャンネルという名前だった昭和四十年頃、局の知名度を上げて、その存在をアピールする目的で企画された番組だ。だから、東京都内、近県の商店街の対抗芸能合戦という形をとった。少なくとも、出場する商店街では放送を宣伝もしてくれるし、そのあたりの家庭でも見てくれるだろうという、プロデューサー餌取章男の、いじましいアイディアから生まれたものだ。

しかしこれが、番組としても思わぬ拾いものだった。

東京の下北沢商店街VS千葉県佐原の商店街。

みんなお祭り好きな人たちだ。入って来たときからもう盛り上がっている。

下北沢にはユニークなダンスがあり、佐原には有名な無形文化財の佐原囃子がある。そんな調子で、自慢の歌あり、ユニーク人間の登場ありとその内容も豊富で多彩だ。応援団の熱気もすさまじい。

しかし、それだけに真剣勝負だ。

構成を受け持つ岩井晃も、苦労してなるべく両チームが、歌なら歌と同じようなものを対抗させようとするのだが、そうそう同じものばかり並べられるわけじゃない。

そこで比較するのが難しくなる。

まあその辺は、審査するエノケン（榎本健一）らの審査員にお任せするしかない。ただ、こっちは娯楽番組の感覚で審査するのだが、商店街側にシャレは通じない。地元に宣伝しているだけあって、勝つか負けるかが大問題なのだ。

結局、この勝負、無形文化財の威力もあって、佐原の商店街が勝った。

おさまらないのが下北沢。

おまけにその日、審査委員長のエノケンが酒気を帯びていたから騒動になった。酔っぱらっての審査は公平じゃないと、プロデューサーの餌取章男に喰ってかかる。

そんな具合で、モメ事の火消しには苦労したものの、ねらい通り局の名前はアピールできた。しかし、視聴率のほうは後発局の悲しさ、せいぜい2、3%程度だった。

そんな時。突然視聴率が7%にハネ上がったことがあった。

これにはみんながビックリした。特に変わったことをやったわけでもない。なのに、なぜ。と不思議に思ったときに、ディレクターの一人だった倉益琢磨が言った。

「どっちかの商店街の近くに、視聴率をセットしてあるところがあるんじゃねえの？」

なるほど。それも考えられる。

それがどことどこの商店街だったか忘れたが、その後集中してその方面の商店街ばかりを出演させたことがある。

しかしそれは全く無駄な努力だった。その後も視聴率は、相変わらず2、3％を保ったまま。笑えない喜劇の一幕だった。


もう一例。

視聴者のニーズが摑めなければ話題で数字を稼ぐ方法もある。

先年惜しくも亡くなったが、日本テレビのディレクター中島銀兵は、視聴率も高く評判の番組を作っている先輩のディレクターや、放送作家などとダべることが好きだった。そして彼らから、参考になるような話を聞くと、必ずメモを取っていた。

それでもなかなか視聴率を取れる番組は創れない。それは、視聴者の感覚を、細野のように肌で摑んでいるのではなく、頭で理解しようとしていることの違いだ。

その彼が、ある日突然ひらめいた。

大阪ABCテレビの人気番組だった**『蝶々・雄二の夫婦善哉』**が終わるという。相棒であり、かつての夫であった、南都雄二が亡くなったことが主な原因だ。番組はその後も蝶々一人でふんばって続いていたが、やはり限界だったのだろう。

番組終了の記者会見でミヤコ蝶々は言った。

「もう、今後この手の番組は一切やりません」

これを新聞で読んだ中島銀兵は、（もうやらないと言っているミヤコ蝶々を引っぱり出し、同じような番組を創ったら、話題になるに違いない）と考えた。

その時点で私が呼ばれた。当時私が、関西テレビでミヤコ蝶々の司会する番組を書いていたからだ。

「どうかねえ。無理な注文かねえ」

「話の持っていきようでは、なんとかなるかもしれないけれど、問題は誰を相棒にするかだよ」

「そうか……」

これがなかなか難しい。

『夫婦善哉』は、蝶々・雄二という漫才コンビの味で見せた番組だ。蝶々の相方がそう簡単に見つかるわけがない。あれこれ候補者をあげたものの、みんな帯に短し襷に長しだ。

すると、銀兵が、

「立川談志は駄目かねえ」

と言い出した。

銀兵は談志とは、談志が『**笑点**』を創った初期の頃からのつき合いだという。

だがこれは簡単じゃない。

ミヤコ蝶々が、漫才界の一方の雄なら、談志もまた一癖もふた癖もある一城の主だ。しかも蝶々も談志もどっちもツッコミではないか。

こんなことを考える奴は、芸能界の素人か大物のどちらかだ。

銀兵は、後者に賭けた。

しかし、話題にはなるだろうが、果たして番組がうまくいくだろうか。

まずそんな心配をする前に、番組にすることを決めなくちゃならない。

この辺が厄介なところだ。番組を通すためには、企画書を書かなければならない。企画書を書くためには、当然、出演者本人の承諾も見込んでおかなくちゃならない。ましてや、これは話題性で売る番組である。

「面白い、やってみろ」となった時、肝心の蝶々・談志に「そんなもん、出られるかい」と言われたんじゃ話にならない。

そこで本人たちを口説くときは、ある程度具体的な内容まで詰める必要がある。

つまり、ニワトリが先か卵が先か。いつも悩む場面である。

ともかく、肝心のミヤコ蝶々を説得しなければ話は始まらない。ということで、彼女のマネージャー野田嘉一郎に頼んで、中島銀兵と一緒に、当時できたばかりで、一億円の豪邸と週刊誌を賑わせた、大阪の箕面の蝶々御殿に伺候(しこう)した。

なるほど週刊誌に載るだけのことはある。その頃、彼女は真剣に恋をして、その彼との新居として建てたものだ。

「その男がな、民芸調が好きなんや」

で、彼の趣味に合わせて、調度品から部屋の装飾にいたるまで、すべて民芸調という凝りようだ。

「ここが、彼の書斎になる……はずのところやったんや」

……しかしその恋は実らなかった。

「へえ、そこまでされて、羨ましいな。ボクの部屋はないんですか？」

と、わたし。

「あるでえ。そこや」

指さしたほうを見ると、何と犬小屋。

「先生、私の部屋は？」

と、後追いしたのは、マネージャーの野田嘉一郎。

「あるか！　そんなもん」

「ひゃー参ったな」

等、すべて漫才調のノリで家褒めだ。

それもこれも、なんとか彼女のキゲンを良くさせて、この後の交渉を有利に運ぼうとする、我らの苦心の作戦だ。

幸いなことに、同行した中島銀兵を、初対面ながら彼女は気に入ったらしい。

中島銀兵は、渋みのあるスポーツマンタイプ。その彼に一目惚れしたのは、ミヤコ蝶々に永年ついて、彼女の身の周りをアレコレ面倒見ている、テンマちゃんという歌舞伎の女形出身の男性。

「ええ男やわあ」

と、おねえ言葉で、はんなりと言う。

これを聞きつけたミヤコ蝶々が、突然ノッてきた。

「銀兵さん、あんたカマ掘られたことあるやろ」

この突然の攻撃に銀兵はマッカになる。

こうなれば、この交渉は山を越えたも同然だ。

後は一瀉千里、中島銀兵をサカナに笑い話に紛れて、相方を立川談志にしたいということまで、一気に話を進めた。

「ウチはかまわんけど、談志さんがOKするやろか」

「それは私が、談志さんとは『**笑点**』以来の仲ですから」

と、銀兵。

「ははあ、銀兵さん、やっぱりあんたは、談志さんにホられている」

銀兵は絶句する。

蝶々は一人で決め込んで、納得した。

それでも最後にミヤコ蝶々は、

「『夫婦善哉』のようなものは、あかんで」

と、念を押すのを忘れなかった。

今日のところはこれで十分だ。これ以上深追いすると、意固地になる。

ここまで来れば後はなんとかなるさ。

（この辺が放送作家の悪いクセだ）

彼女が夫婦モノを嫌うのは、二度とやらないと発言したこともあるが、それより当時フジテレビ系列で『**おもろい夫婦**』というのを啓介・唄子がやり始めたことにも原因がある。だから、夫婦モノというのは禁句だ。だったら、家族モノということで納得させるしかない。

さて、一方の立川談志を口説くのは、中島銀兵の担当だ。

だが、こちらは簡単に、

「俺の意見も番組の中に入れてくれるなら」

ということで正式にＯＫをとったという。


その後、マネージャーの野田嘉一郎と連絡を取りながら、ミヤコ蝶々が東京の仕事で上京した時、定宿にしている帝国ホテルを訪れる。

「どうや、談志さんはＯＫしたか？　中味は決まったか？」

彼女の質問は矢継ぎ早だ。

私と銀兵は、前もって打ち合わせたとおりに答える。

「談志さんはＯＫです。そして中味ですが、家族モノで行こうと思うんです」

「フン。家族モノなあ。ま、そんなところやろな」

「ええ、それもユニークな家族を出そうと思ってます」

「そらそうや、おもろなかったらあかんで」

この日は、これまで。急いては事をし損ずる。

とはいっても、新番組。ＰＲの都合もあり、局の編成や営業からは「まだか、まだか」と矢の催促。あまり悠長にはしていられない。


こんなことを三、四回繰り返して、ようやく「家族では大勢過ぎるから、『夫婦善哉』のように、おもろい夫婦ではなく、ユニークな夫婦の苦労話を聞く番組にしよう」というところまでこぎつけた。

かくて『**蝶々・談志のあまから家族**』なる番組が誕生した。

中島銀兵の大願は成就された。仲間うちからは、よくあの難しい二人の顔合わせができたもんだと感心された。嬉しそうだった。

しかし、番組の中味はボロボロだった。

談志も蝶々も、お互いに努力はした。なんとか相手と合わせようとしているのが、本番でも手に取るようにわかる。

ところが、そのお陰で、出場夫婦への応対まで手が回らない。まるでギコチナイ漫才のようで、面白くも可笑しくもない。こんなことなら、いっそ対抗意識をむき出しにして、一方が何か言えば、一方もそれ以上のことを言って切り返そうと、目に見えない冷たい火花が散る、そうなったほうが良かったかもしれない。

ともかく、司会する二人が、何となく遠慮し合ったような、ソラゾラしい番組になった。まあそこは芸人同士だから、これではまずいと気付いたのだろう。

二本目からは何とか取り繕って噛み合うようにはなったけれど、本来の面白さは影もなく、2＋2＝マイナス4という結果の番組になった。

これで、視聴率でも良ければ、まだ救われるのだが、高々7～8％程度なんだから浮かばれない。

そうなると、プロデューサーからの風当たりも強くなる。

「夫婦モノなんだから、苦労話やお涙ちょうだい話なんかより、バカバカしい話のほうがいいんじゃないの？　**『おもろい夫婦』**みたいに」

(そんなことわかってらあ。できたらとっくにやってるよ)

まったく、出演者の意見に振り回されるとこうなるという、見本のような出来だった。

短命な番組というのは、得てしてこんな道を辿るものである。

果たして、この番組も短命に終わった。しかし、出来の悪い子ほど可愛いという言葉があるように、中島銀兵にとっては、いつまでも思いを残していた番組だった。

話は少し飛ぶが、昭和五十三、四年頃。テレビ東京のディレクター斧賢一郎はプロデューサーから「これで番組を創れ」と言われて渡された企画書を前に、頭を痛めていた。

企画書には、当時人気のアイドル歌手の名がズラリと並んでいる。

これをどう料理したらいいんだろう。人気のある歌手だけを並べて歌わせるだけでも視聴率は取れるかもしれないが、それではあまりにも芸がない。第一その頃のテレビ東京は、ギョーカイでは、東京ローカルと蔑まれ、他局で12～13％取るような内容の番組でも、せいぜい7～8％程度にしかならないくらい、視聴率的には他の局より劣っていた。

人気歌手という素材を活かして、どう味付けするか、それが斧賢一郎の課題だった。

この手の番組には、笑いの要素は欠かせない。といって、ありきたりのコント集団を歌の間に挟むのは、どこの局でもやっていることだ。特色を出すとすれば、出演歌手を使ってコントを創るのはどうか。しかし、それでは幼稚園の学芸会になってしまう。コントを演じさせないで、歌手たちを使って笑いを取る番組はできないものか。

などと悩んでいるとき、斧は、とある劇場で、月亭可朝と桂朝丸（現ざこば）が演じていたギャグを見た。

それは可朝がツッコミで、朝丸にさまざまな演技を教えてそれをやらせてみる。できなくてマジにモタモタする朝丸をツッコんでド突く。朝丸のボケの笑いと、可朝のツッコミで二重に笑いがとれる古典的なギャグだ。

斧賢一郎は、大阪のテレビ局で修業していたことがある。その時関西の笑いを身につけた。今でこそ、テレビはその関西芸能人に占領されてしまった観があるが、当時はそんなことはなかった。

よし。これでいこう。

歌手全員をボケにして、スポーツとか、職人技とか、なんにでも入門して修業するシチュエーションにする。

これをツッコめば、歌手は下手な芝居をしなくてすむ。下手だって恥じゃない。下手なら下手なりに可笑しくなる。

ただそうなると、ツッコミ役が難しい。これを誰にするか。それが問題だ。

アレコレと、彼は悩み、考え、そこで白羽の矢を立てたのは、「あのねのね」だった。

清水国明ならなんとかこなしてくれるだろう。

だが、原田伸郎はどちらかといえば、ボケだ。

これをどう扱ったらいいんだろう。

まあそんなことは、放送作家にでも相談すればいいや。

こうして誕生したのが『**ヤンヤン歌うスタジオ**』である。

これがヒットした。

番組の中で原田が口走った、「猫ニャンニャンニャンニャン。犬ワンワンワン」が若者にバカ受けした。斧賢一郎は、テレビ東京にあって、スタジオ番組で初めて二ケタ代を獲得する快挙を挙げた。

8 バラエティ番組の本流とゲリラ『光子の窓』と『裏番組をブッ飛ばせ!!』

昭和三十年代から十数年間のバラエティ番組の黄金時代といわれたこの時期。視聴率狙いの番組ばかりがまかり通っていたわけでもない。

一方では純粋に、いかにテレビのフレームの中でショービジネスを創り出せるかという、本格派のディレクターの面々もいた。その大元の本流ともいうべき番組は、一九五八（昭和三十三）年の十月スタートした、日本テレビの**『光子の窓』**である。

残念ながらわたしは足軽として参加してはいなかったが、これを創った名君は井原高忠である。

彼は、三井家の流れを汲む貴公子で、日本テレビにくる前は大学時代から黒田美治なんかと「チャックワゴン・ボーイズ」というバンドを組んで活躍していたミュージシャンであった。その経験から彼は、視聴率より何よりなにか自分の納得のゆく番組を創ることが、最高のエンタテインメントになるという信念を持っていた。そんな人間が、音楽番組と称して歌ばっかり並べたようなモノを創らされていたんだから、当然欲求不満になっていたに違いない。

『光子の窓』の原型は、アメリカさんの**『ペリー・コモ・ショー』**という番組だ。広告代理店の博報堂の若手の一人が、向こうでその番組を見て面白いというんで、帰国すると井原高忠にそっとそのことをささやいた。

この話に興味を持った彼は、持ち前の凝り性ぶりを発揮して、早速見たり聞いたり調べたりして『ペリー・コモ・ショー』の魅力を分析した。そして、この日本版を女性で創ろうと思ったとき、ではメインを誰にするかということになった。

歌えて、踊れて、そこそこに芝居もできてというミュージカルタレントは、当時は越路吹雪くらいしか目につかない。

ところが越路は東宝の看板スターだ。

その頃、東宝、松竹、大映、日活、東映の映画五社は、テレビは映画の敵だというので、テレビ局には専属スターを貸し出さないという協定を結んでいたから、貸してくださいといったって東宝が貸してくれるわけがない。そこで井原が白羽の矢を立てたのが、草笛光子だった。

彼女はSKD出身で松竹から東宝に移籍して、演劇担当重役でもあった菊田一夫が第二の越路吹雪に育てようとしていた秘蔵っ子だ。それでも東宝の専属だから、まともにぶつかったら断られるに決まっている。

だが井原高忠はそんなことでひるむタマじゃない。彼は、これまで自分が創った音楽番組の構成者だった岡田教和（憲和）が菊田一夫の弟子であることから、岡田にこの話をつけさせた。

こうして演劇担当重役の承認を得て、草笛光子は番組に出演することになって『**光子の窓**』は誕生した。

彼のこの番組にかける執念は凄かった。

まだＶＴＲのなかった時代なのにあたかも、ＶＴＲ処理をしたように、あらゆるカメラワークを駆使して映像の変化を狙ったりする、ねちっこい演出で新境地を開拓していった。

それだけに演出は厳しい。

スタイルもビシっと決めて、それとは裏腹なベランメエ口調でまくし立てる。それも敬語で怒鳴りまくるんだから、文章で書けばすごく丁寧だけど実際に聞くと不気味で迫力がある。それでも、怒鳴りながらどっかにジョークを交える心遣いがあるから、陰にこもらないでカラっとした厳しさだった。

こうして彼に鍛えられた当時のアシスタントたち、秋元近史、横田岳夫、齋藤太朗、白井荘也などという面々も、その伝統を受け継いで、昭和四十七年頃まで日本のテレビの、バラエティ番組の本流を形づくっていくことになる。


そんな流れの中で、突然とんでもないゲリラ番組が飛び出した。

『コント55号！裏番組をブッ飛ばせ!!』である。

一九六九（昭和四十四）年。

常々「裏に強力な番組がないと張り合いがない」と嘯いていた細野邦彦に、うってつけの話が転がり込んできた。

日曜日の夜、八時から九時。

細野に言わせれば「銀座四丁目の交差点」の時間帯は、当時NHKの大河ドラマ『**天と地と**』が、常時30％台の視聴率を上げて独占していた。それまで、どんな番組をぶっつけても7～8％程度しか取れない。

その時間帯のテコ入れを細野にやらせてみたら、ということになった。そして細野に預けられたのが、その頃フジテレビの『**世界は笑う**』で人気絶頂の、コント55号だった。

人気タレント作りの上手いフジテレビが、おいしいところを散々食い尽くし、多少人気に翳りが出たとはいえ、視聴率はまだまだ稼げる古馬である。それだけに使い方が難しい。

さすがにポーカーフェイスが得意な細野も、興奮した。

早速彼は、半田興一郎と私を呼び出した。

細野が私たちをよく使うのは、別にわれわれの腕を買っているからではない。シャイで人見知りの激しい彼は、初めての作者と顔を合わせるのが嫌なだけだ。


「どんなもんやったらいいかなあ」

細野は軽く我々にジャブをとばす。

55号側と接触し、彼らからさまざま案を提供されても、いまいちそれに乗り切れなかったようだ。

たとえタレントの意見であっても、それが自分の感性と合わなければOKは出さない。この調子では、内容が決まるまで相当長引くな、という私の予感が的中して、数日後私たちは、赤坂の旅館に籠もられた。いわゆる缶詰というやつだ。

結論が出るまでは、何日かかるか見当がつかない。

いったい細野は、どんなことを考えているんだろう。せめてそれがわからないと、ディレクターにおんぶ、ダッコの私としては、考えようがない。

「この番組はね、釜ケ崎のおっちゃんたちが、酒を飲みながら喜んで見られるものにしたいんですよ」

なるほど、おっちゃんたちなら『天と地と』を見ることはあるまい。その辺を開拓するつもりだなと、見当はついたものの、じゃあ何をやればいいかとなると、見当がつかない。

横を見ると半田興二郎がニヤニヤしている。細野との仕事が長い半田興一郎だ。我慢していればきっと細野が何とかすると信じているのかもしれない。

半田には〝前科〟がある。

原稿の上がりが遅く、焦れた細野は、半田を缶詰にした。監視も兼ねてつき合った細野は、原稿用紙に向かって考え込んでいる半田を見て安心して眠ってしまった。

翌朝。細野が目を覚ますと、半田の姿がない。

「しまった。ズラかられた」

と机の上を見ると、原稿用紙の表紙にはキッチリと題名が書き込んである。

ホッとした細野が、一枚目をめくると、なんとそこには、

「お先に失礼します」の文字。

それ以降はもちろん白紙だ。だから彼は包装作家なんだ。こんな頼もしい男と一緒なら、私も心強い。

とはいえ今度ばかりは、細野の目はランランと輝いている。

とてもズラかれる雰囲気じゃない。


二日経っても、三日経っても良い考えは浮かばない。

重苦しい空気が、六畳の部屋一杯に立ちこめる。

こんな時、細野邦彦は何も言わない。

「いい知恵は出ませんかねえ」

と言うだけだ。

一日二十四時間。これはかなりなプレッシャーだ。

「タイトルだけでも決めなくちゃな」

この細野の一言に、待ってましたと半田が答える。

「NHKの『**天と地と**』がターゲットなんだから、ズバリ『**裏番組をブッ飛ばせ!!**』なんてどうですかねえ」

「ああ、そうするか」

これはスンナリ決まった。

しかし、後は全くの白紙だ。

四日経ち、五日目になる。

それでも何も出ない。

私たちの頭では、この辺が限界かなと思う頃、細野がポツリと言った。

「55号はね、コントをやって、その時使った小道具を観客に売ったらどうだ、と言っているんですよ」

それが面白いとは、私も思わない。といったって、それに変わるものも思いつかない。

「仕方ない。奴らの言うことを聞こうか」

一見弱気な細野の、この言葉は強烈な反対語であり、焦れてきた証拠でもあり、半田と私へのプレッシャーでもある。

「あと一日考えて、それで駄目なら覚悟しましょうよ。それに着替えもしたいし」

扱いなれている半田が、提案する。それに力を得て、私も、

「気分転換にちょっと、娑婆の空気を吸ってきます」

許可を得て、約一週間ぶりに街に出た。モグラが地上に出たみたいで太陽がまぶしい。

渋谷に着くと、駅前でバッタリとコロムビア・トップに会った。

「いよう、どうしてる？　元気かい」

と世間話の末。

「いや。昨夜は参ったよ。都内某所でノンちゃんと飲んでな、挙げ句に野球拳が始まって、ノンちゃん素っ裸になっちめえやがんの、ハハハ」

ノンちゃんとは、『お昼のワイドショー』のプロデューサー野崎一元のことである。

だが、この言葉を私は終わりまで聞いていなかった。

私の頭は目まぐるしく回転する。コントをやって、その時の小道具を観客に売る、というのが55号の案だ。ならば、コントでなく野球拳をやって、脱いだ衣装を観客に売ったらどうだろう。

「悪いけど、俺ちょっと急ぐんで」

呆気にとられたトップを置き去りにして、私は赤坂に飛んで帰った。

「細野さん。野球拳やったらどうだろう」

「野球拳？」

細野の細い目がキラリと光った。気が動いた証拠だ。

「それで負けて脱いだ衣装を売るんだよ」

「ウン」

それでも簡単にＯＫは出さない。

旅館を引き払って局に戻ると、彼は早速仕出しプロから三十人を雇って、稽古場に集めさせた。

彼らを前に実際に野球拳をやってみて、その反応を探るためだ。

われわれ素人がやっても、笑いは取れる。反応は悪くない。

コント55号は、それまで萩本欽一の類い稀な演出家的才能で保ってきた。

フジテレビで見せた、あの名作コントの数々も、もちろん専属作者、岩城未知男の力も大きいが、
当初は、萩本欽一が、局側と内容をすべて打ち合わせて、坂上二郎にはスタジオ入りの時間以外、一切教えなかったという。

そしていきなり本番開始。

何を言われ、何をされるのかわからないままに坂上二郎はオドオドしている。それを相手に萩本欽一は、ここぞとばかり突っ込む。

返事に窮した坂上二郎。困って、弱って、何とか笑いで誤魔化していく。それをさらに追い込むのが、55号の笑いの基だ。

しかし、それもその頃はパワーも落ち、全盛期を過ぎていた。

さて、野球拳のほうは、毎回ゲストに女性タレントを呼ぶ。

そして彼女と戦うのは坂上二郎。

萩本欽一は、素人扱いが上手いから、どちらかが負けて脱いだ衣装を、観客にオークションで売る係。

と、番組の骨子が決まる。

そのため、ステージに観客席を設ける。

「脱衣場も、二郎さんとゲスト用に二つ必要だな。オークションの売り上げは、交通遺児を呼んで、その場で欽ちゃんが手渡すようにしよう」

ちゃんと免罪符まで用意されて、独特の細野番組のアクが形作られていく。

こうして、時代の最先端をいくアポロ11号が、月面着陸したという年に、日本の伝統的お座敷芸がテレビ番組になった。

この番組には、いわゆる細野一家といわれた、赤尾健一、八田一郎は加わっていない（大石浩は、若くして夭折していた）。代わってこの番組を受け持つディレクターは、村上英之だった。ドラマ出身の彼は、その緻密さと粘りで、後々まで細野のよい助っ人となる。

これだけの計算をしてスタートした、この番組が、計算の上をいったのは、坂上二郎の功績でもある。

こんなにイキイキした彼を、これまで見たことがない。まさに水を得た魚であった。

萩本からは突っ込まれず、自分のペースで野球拳を戦う。しかも相手はそうそうたる美人女優。イキイキするのも無理はない。

勝ったといっては、女優さんに早く脱げ、と迫り。彼女が脱衣場に入ると、何とかのぞき込もうという仕草で、笑わせる。視聴者の水準とピッタリと合っている。

聞けば、彼も終戦後のどさくさに、怪しげな石鹸やら、サッカリン、ズルチンなどの闇物資を売って回ったという。

人の心を掴むのは早い。しかも芽のでない芸能生活二十年。伊達に苦労はしていない。

収録は、すべて細野の期待通りに仕上がった、

かくて一九六九（昭和四十四）年四月二日。第1回の放送が始まった。

視聴率26・3％。まだまだ『**天と地と**』には届かない。

3回目の収録の時だ。

坂上二郎がボロボロに負けた。遂にパンツ一枚となった。

「アウト。セーフ。ヨヨイノヨイ！」

そしてまた負けた。

沸き返る会場。さあどうする。

坂上二郎はニッコリ笑って脱衣場に消える。観客の視線が脱衣場に集中する。

と、パンツを片手に、腰にタオルを巻いて出てきた坂上二郎の姿に、場内大爆笑。細野も大笑い。

しかし笑いながらもフト彼の心に不安がよぎる。

（これ以上の迫力はない。とすると、これからはだんだん視聴率は下がるんじゃないか）

だが、その心配をよそに、数字は着実に上がり、第5回目で、東映の女優、桑原幸子がビキニまで脱ぐ羽目になり大いに盛り上がって着実に『**天と地と**』に迫っていった。

そして遂に。昭和四十四年七月六日。

『**天と地と**』27・6％。

『**裏番組をブッ飛ばせ!!**』29・3％。

三カ月でようやくその目的を達成した。

以下、視聴率はうなぎ上り。ピークには35％までになった。

しかし、順風満帆といったわけではない。

ネックは出演する女性タレントだ。いくら高視聴率を上げた番組だって、売り出し中の、若い女性人気タレントを抱えた事務所は、この手の番組には出演させたがらない。

しかし細野は、

「売れっ子の女性タレントが脱ぐから、数字が稼げるんですよ」

通常、番組のゲストは、1回目から3回目くらいまでAランクのタレントを使い、そこで使いすぎた予算を調整する意味で、その後にCランクのタレントを使うものだ。

しかし細野は、予算はお構いなし、イケイケで毎回Aランクを要求する。

この要求に従って、村上英之は、目星をつけたタレント事務所に電話を掛けまくる。番組名を聞いただけで「いやあ、忙しくてちょうどその日は空いてないんですよ」

マネージャーは遠回しに断ってくる。

これで引っ込むような村上英之ではない。

電話で駄目ならと、マネージャーに会いに行く。面と向かうと、ドラマで村上に世話になったこともあり、マネージャーも無下には断り難い。

「そこをなんとかさあ」

持ち前の村上の粘りに、根負けしてマネージャーが折れる。これを毎週一回繰り返すのだから、彼の苦労もハンパじゃない。

時には、向こうから出演させてくれという売り込みもある。が、それには次の自分の公演なりの宣伝を一言やらせてほしいという条件付きが多い。

また、大物を出すから、その見返りに新人を一回使ってくれという事務所もある。

細野は、それを嫌う。

やらず、ぶったくり。それが細野のセオリーだ。

こうして毎週、なんとかそこそこの女性タレントを出して、一応番組も落ち着いてきた時。

思わぬことが持ち上がった。

子どもたちの間に、野球拳が流行り出すという社会現象を引き起こしたのである。

事の発端は、朝日新聞に載った一通の番組批判の投書である。よくあるシャレの通らない堅物の正義漢か、どこやらのヒス婆さんの投書だと思ったら、当時の相模原の教育長からの投書だったことから、話が大きくなった。

早速、朝日新聞が尻馬に乗って、排斥キャンペーンを張った。時の政治家に「お前どこの社だ」と凄まれると、ビビって一行も記事にできない新聞記者が、相手が一介のテレビ番組だと、突然正義の味方ヅラで、ここを先途と書きまくる。

私の留守中、私の家にまで電話を掛けてくる。

「お宅では、あの番組をお子さんに見せているんですか」

大きなお世話だ。家では、子どもにあんなもん見て、その真似をするようなシツケ方はしていない。

しかし、さすが新聞である。このキャンペーンのお陰で、オーバーにいえば国論を二分するような騒ぎとなった。

他のテレビ局でも、児童評論家の先生などが、

「子どもは元来裸が好き。だから放っておけば自然鎮火する」

と、番組擁護論をぶってくれる。それはありがたいが、細野邦彦はそんな小難しい理屈で番組を作ったわけじゃない。

だが、そうした論争のお陰で、視聴率はグングン上がる。

こりゃあ、相模原の教育長と朝日新聞に感謝しなければ、なんて考えていたら、甘かった。

朝日新聞はしつこい。

新左翼が暴れ、べ平連が安保粉砕、佐藤訪米阻止の大デモを掛けるなどの物情騒然とした世の中で、何も野球拳がどうのこうのと大事な紙面を割くこともあるまいに。柔らかいネタが欲しいなら、巨人軍を引退した四〇〇勝投手、金田正一のキャンペーンのほうが、もっと販売部数もあがるだろうに。

しかもキャンペーンがだんだん嫌らしくなった。

この番組は、公開だから都内各地の公会堂で収録する。その公会堂に、朝日新聞の記者が直撃する。

収録が予定されている公会堂に先回りすると、

「お宅ではあの番組がここを使うことを許可したんですか」

と、ヤンワリ聞くらしい。

公会堂といえば職員は地方公務員。事なかれ主義の権化だ。天下の朝日新聞記者に、こう迫られては、何を書かれるかわからない恐怖に戦く。ビビるのは当たり前だ。

そこで結局「申しわけないけれど」と予約を断ってくる。まるで、ヤクザの嫌がらせの手口だ。

そんな体質の朝日新聞が、今、イジメについてあれこれ言ってるのも笑えない喜劇だ。

それはさておき、そのため都内の公会堂ではほ、どこも番組を引き受けるところがなくなってきた。

そこで局の会場を押さえる係の人たちが奔走して、関東近県へのドサ回りが始まった。

朝日新聞には申しわけなかったが、地方では入場者が会場を取り巻くほどの大人気。

すると、朝日新聞は、今度は提供スポンサーに脅しをかける。それが功を奏して、まず資生堂が番組を降りた。いわゆる兵糧攻めだ。

こうなっては、どうしようもない。

一年後、番組審議会からの忠告もあって、この番組も終わりを迎えた。

その代わり細野邦彦は、低俗番組の帝王、ハレンチの元祖として、週刊誌に続々と取り上げられて、一躍時代の寵児となった。

可笑しかったのは、「週刊朝日」が細野と遠藤周作の対談を載せたときだ。

新聞であんなに目の敵にしていた、いわば犯人を、週刊誌が取り上げていいんだろうか。この疑問に、週刊朝日の記者は答えた。

「新聞と週刊誌は違いますから」

おかしな新聞社だ。

お陰で、

「商業放送なんだから、視聴率を取りに行くのは、当たり前」

「そんなにイヤなら、見なければいい。大体サラリーマンが、会社から帰って教養のためにテレビを見ると思いますか？　子どもたちが、勉強のためにテレビを見たがると思いますか？　テレビから何かを教わろうという人は相当程度の低い人ですよ」

なんていう、独特な細野語録が、局内ばかりでなく全国に伝達された。

それなのに、この上昇気流に、彼は上手く乗りきれなかった。彼なんかより、まるで面白くない人間でも、こうした機会を捉えて有名人になっていくというのに……。

思うに、彼のシャイで人見知りする性格が災いしたのかもしれない。

ともあれ『**裏番組をブッ飛ばせ!!**』は朝日新聞に「ブッ飛ばされた」。


一方『**光子の窓**』の後も井原は、水谷良重で『**あなたとよしえ**』、坂本九で『**九ちゃん**』、「あっと驚く為五郎」の『**ゲバゲバ90分**』とテレビのショービジネスに新しい風を吹き込んでいった。

その一つに、テレビで初めて「スタジオＮＯ１ダンサーズ」という、番組専属のダンシング・チームを編成したことがある。

テレビのダンス・シーンってのは舞台とは明らかに違う。舞台にはアップで見せる技術なんてない。ところがこの違いがわかるディレクターがいないから、他の番組では、舞台のダンサーを集めて、舞台の振付師に頼んで、歌のバックを踊らせたりしていた。これでは出演するダンサーだって、どうせ歌のバックなんだから、と半分は内職気分で、真剣に踊ってなんかいない。

だが、番組専属ともなればそんなこともない。振付だって新しいテレビ向きの技術も開発できる。

これは画期的なことだった。

次に、**『ゲバゲバ90分』**に見られるように、視聴者が喜んで見ていたあの大変な数の連続ギャグは、井上ひさしや、中原弓彦はじめ、一説には九十人ともいわれた作者の大群が一人一人考えてきたモノを、放送分だけ選んで使っていたんだから、密度が濃いのは当たり前だった。

これも本邦初の試みだ。それが、その辺の思いつきコントとは質が違い、加えて井原高忠のねちっこい演出と、ギャグ一つにも大変な手が掛かっている。

まあ手をかけなければ、番組は面白くならないという見本のような番組だった。

こうして手をかけたバラエティ番組の本流は、その後も井原高忠に鍛えられた、秋元近史、齋藤太朗によって一九六一（昭和三十六）年から一九七二（昭和四十七）年まで続いた、あの**『シャボン玉ホリデー』**に受け継がれている。

番組の初めの頃は、前田武彦、津瀬宏らが台本を書いて、途中から青島幸男になり、後に河野洋、奥山洸伸、田村隆なんていう、その頃は若手でも、今じゃそうそうたる大御所の連中にバトン・タッチして、ギャグが創られていった。

ギャグなんてものは作家が思いついて演出家が決めて、役者が演じるモノだ。演出の秋元近史の荒っぽくて、そのくせツボだけ抑えたギャグ創りと、齋藤太朗の師匠井原譲りのねちっこくて、細かく刻むギャグ創りが上手くミックスして、数々のギャグや流行語が生まれていった。

この『シャボン玉ホリデー』『ゲバゲバ90分』が終了したのが昭和四十七年。

この年が、熱病のようにテレビ界を襲った視聴率戦争がらみのバラエティ番組黄金時代の最後の年となった。

9 『TVジョッキー』

さてゲリラ番組を「ブッ飛ばされた」細野邦彦としては、その後水曜日の夜九時からの三十分間の時間帯で『**コント55号の野球拳**』として再起を図り、栃木県の佐野市民会館で収録した。

これには五千人の観客が押し掛けたが、番組の視聴率としてはパッとせず、僅か四カ月の短命に終わってしまう。

そこで彼は、萩本欽一の突っ込みを最大限に生かした『**コント55号の兵隊さん物語**』などでお茶を濁さなければならなくなった。だがこれもコント55号を使ったにしては、視聴率は取れなかった。

もちろん細野だって百戦百勝ではない。

そんな時、彼は言う。

「長島茂雄だって10本に3本しか打ってない。でも彼が偉いのは、ここという見せ場で打ったからなんだ」

やがて、その天覧試合に近いチャンスがやってきた。

日曜の昼、○時十五分から始まる時間をまかされた。

そこで彼はタイトルも『**ワンワンファイブ日曜大行進**』と名付け、これまでの番組創りから一転して視聴者対象を若者に絞ることにした。

昭和四十五年といえば、テレビのコマーシャルにも、アンディ・ウィリアムスとかチャールズ・ブロンソンなどが出るようになった時代だ。ということで細野邦彦も横文字に挑戦だ。

早速文化放送の『**セイ！ヤング**』というラジオ番組で若者に圧倒的に人気のある土居まさるを司会に迎えることにしたのだが、司会陣にはその他に「野球拳」のコント55号の二人も加えなければならなかった。

さすがの彼も、この司会者の配分には頭を痛めた。

最初のうちは、スタジオに土居まさると萩本がいて、坂上二郎は中継で、豊島園とかそんなほうから今でいえばリポートする形式をとったのだが、どうもこの二人の間がしっくりといかない。

じつはこれには55号側の切ない事情があったようだ。

そもそも彼らのコントは、既成の芝居の約束事をぶちこわすところから始まっている。だから彼らが売り出したフジテレビの『**世界は笑う**』にしても、どんな内容をやるのかということは萩本欽一がディレクターと綿密に打ち合わせて、細かいことはいっさい坂上二郎には教えなかったという。何も知らずにスタジオに入ってくる坂上に、本番になって突然萩本が「ああしろ、こうしろ」と突っ込みで命令する番組創りだったという。

何も知らない坂上は、何を言われるか不安でオドオドしながらも、萩本の無理無体な突っ込みを、なんとか笑いを浮かべながらごまかす演技で笑いを取る。

これが彼らの笑いの原点だった。

ところがこの時期、オーバーにいえば、坂上二郎が反乱を起こしていた。自意識に目覚めたといったらいいのか売り物のコントをやっても、萩本の言うことにいちいち逆らうようになっていた。

だいたい演技をやらせたら、萩本よりは坂上のほうが達者だ。

その坂上が、突っ込まれても時折萩本に喰ってかかるようになった。

たぐいまれな萩本の「突っ込み」も、天才的なボケがあって初めて成立する。「ボケ」が「突っ込み」に喰ってかかるようになっては、いかに名手萩本といえども笑いは取れない。

これじゃあ、萩本もやりづらいし、第一笑いが取れない。

これはコンビの持つ宿命でもある。


それを知ると細野は、彼らを外して、司会を土居まさる一本に絞り、タイトルも『TV（テレビ）ジョッキー』と変更した。

すべて数字のためだ、となれば非情にもなる。

この番組で、土居まさるの存在は大きかった。

立教大学卒。スポーツ・アナだった彼は、雰囲気を盛り上げる喋りは天下一品。若者の扱いも手慣れたもので、ラジオのディスクジョッキーの味をたっぷりと持ち込んだ。オーバーで騒々しくて、リズミカルで。この傾向は後輩の、みの・もんたや古舘伊知郎などにも受け継がれている。

そしてなによりも特筆すべきことは、決して思い上がらず、司会者の分を弁えていたことだ。

また肝心の番組の中味は、知恵を絞って生まれたのが「カンニング・クイズ」というコーナー。そもそもナマ放送であるということをハッキリさせるために、電話を使ったモノを何かやれないかというところから生まれた企画だ。

視聴者の若夫婦が三組登場する。

だがスタジオに出られるのは奥さんだけだ。

旦那は家で待機していてクイズが出題されると、スタジオの奥さんは答えがわかっても直接答えることができない。家で旦那が、新聞や本、何でも見て、答えをスタジオの奥さんの前の電話に掛けてくる。そこがカンニングというわけで、それを聞いて、初めて奥さんは答えられる仕組みだ。つまり三組の夫婦がその早さを競う。

答えを待つ間の、奥さんのイライラがおかしかった。


そしてもう一つの売り物のコーナーが「奇人変人」だ。

このコーナーが爆発的に人気になったのは、文字通り「奇人変人」が登場することもあったけれど、その応募方法にあった。

自薦他薦。「私は、あるいは友人の何君はこんなことができる」とハガキで応募するのだが、当選すれば奇人変人本人と、推薦者も番組に出られ、白いギターとデニムのパンツがもらえるというところが若者の心を動かしたようだ。

ラジオのディスクジョッキーでは、投稿されたハガキを読んで、それに応えるのがウリになっている。これもテレビ・ジョッキーっていうんだから、ハガキを利用しようという発想から生まれたモノだ。


こうして人より変わったことのできる人間の応募が殺到した。


ある女子大生。「中にヘビが一杯に入ったバス・タブに入浴できます」

「私の友人はゴキブリを喰います」

「ボクの姉さんはミミズをソバのように食べます」

こんな過激なハガキや手紙がスタッフの元に飛び込んでくる。中にはどう見てもウソくさいものがあったりして、結局本人にスタジオまで来てもらって予選をすることになる。どこからでも交通費は局の負担だから、予選に落ちても東京に行ける、というんで毎週、中学生から高校生ぐらいの若者が、我こそは、とテストに乗り込んできた。

まあ、世間は広い。

たくさんのミミズを盛りソバの器に入れてノリを振りかけて喰った者とか、ゴキブリを焼いて、それに塩を掛けて食べるヤツとか……。

中学生や高校生ばかりじゃない。三十五〜三十六の大人まで応募してくる始末だ。

素人がテレビに出て何かやるなんて、今では当たり前になっているけれど、だいたい昭和四十五年頃といえば、坂本九などプロの歌手が、普段着のままステージに登場して一世を風靡した時代だったから、スターの威厳も垣根も取っ払われ、ヒョッとしたら私もボクもテレビの人気者になれるかもしれないという気もあったように思う。

こうして予選を通過して選ばれた「奇人変人」だが、季節によって思わぬ失敗もある。

例の女子大生の入るヘビ風呂のヘビ。これを放送したのが、じつは春先ではなくて冬のさなか。小道具さんはヘビを集めるのに一苦労。一方集められたヘビは、冬眠中をたたき起こされてみんな不機嫌でピクリとも動かなかった。

これと同じ失敗は、前の『コント55号の兵隊さん物語』でもあった。

スタジオに階段を組んで、そこにニワトリをたくさん放し飼いにして、坂上二郎にニワトリのつかみ取りをさせようということになって、小道具さんが苦労してニワトリを集めてきた。

そして本番。

ところがそのニワトリたちは階段の上に乗せられたままピクリとも動かない。行儀よくそこに座ったままだ。けたたましく逃げ回ってくれなければ、さすがの坂上二郎も笑いが取れない。足で階段から け落としてみてもゴロンと転がるだけで身動きもしない。これではいかに坂上二郎が照れ隠しのエへへへを連発しようと、面白くもおかしくもない。

後で聞いてみると、そのニワトリは卵を生ませるだけのヤツで、小さなところに押し込められて、ジッとして卵だけ生んでるヤツだったそうだ。それでは動けないのも当たり前だ。

生き物の扱いも気をつけないと失敗するが、「奇人変人」でも失敗度の高いのは生理現象だ。自由に汗をかけるという子どもがいた。テストしてみると、確かに自由に汗が出る。それも手とか、顔とか、こっちの注文通りに汗をかく。

そこで、これは面白いと採用して、本番になったところ、ちっとも肝心の汗が出てこない。何度やっても駄目。

結局司会の土居まさるのほうが冷や汗をかいた。

どうやら汗をかくとか、ゲップが自由に出るとか、……、なんていう生理現象は、本番で緊張すると駄目なようだ。

同じ生理現象にはオナラがあった。高校三年生。例によってオナラが自由に出せるという。

そこで予選では、オナラが燃えるかどうかの実験。火のついたローソクに、むき出しのお尻を向けて、ブッ！

と、見事ボッと燃えた。

これは、まさか本番ではお尻をむき出しにできないから、ＶＴＲに撮って見せることにする。

こういう応募のモノは、採用されたのを見て、あれなら俺だってできると、放送後は同じような応募がたくさん来るものだ。そこでオナラの応募もたくさん来る。

その中からオナラで吹き矢を飛ばすという、これも高校生がいて、こちらはパンツをはいていてもできる、ということでナマ出演となった。

そして、いやがるゲストの女性歌手に的を持たせて、その的に向かって仰向けになってパンツをはいたお尻を抱えて、吹き矢を当てて、一、二、三！

最初は矢は飛び出したが、力なくゲストの女性歌手の前にポトリと落ちた。

そこで続いて二の矢。

これが見事に的にポトンと当たって、「キャッ」とばかり女性歌手は思わず的を放り出してしまった。

しかし、そんなオナラの名人たちが出て、不思議なことにスタジオは臭くない。自由にオナラを出せる人というのは、ホントのオナラじゃなく、お腹の空気を出したり入れたりできるのだそうだ。つまり、お尻で呼吸しているようなもんだから、全然匂わないんだという。

またこの「奇人変人」にはそんな特殊な人間ばかりでなく、時の人気スター松田優作などの物まねや、一人で四人麻雀を演ずるなんていう、芸人まがいの学生なども登場した。

この一人麻雀は、後のタモリを思わせるほど達者だった。

さらにはこのコーナーに加えて大口大会とか、ペチャパイ大会、大パイ大会などという「珍人集合」という見世物的コーナーなどを登場させて、細野邦彦は再び世の良識派のひんしゅくを買うこととなる。

その細野は奇人変人など、番組にどんどん応募してくる若い人たちを見て言った。

「世の中変わったな。昔は奇人変人みたいな者が家族の中にいたら、世間に隠したもんだよ……」

こうして『TVジョッキー』は思わぬ長寿番組となったが、視聴率は常時11~12%。そこそこの数字だが、細野にとっては不本意な数字であった。


その後細野邦彦の鳴かず飛ばずの状態がしばらく続く。

パワーも落ちていた。

何しろ働きづめだった。

右だか左だかの目の瞳孔が、開きっ放しになっていて、チカチカするといっていたのもこの頃だ。

それでも、決して弱音は吐かなかった。

鳴かず飛ばずといってもわずか二年程度のことだ。それなのに、毎年世間を騒がせてきただけに、彼が静かだとなぜか目立つ。

その間にも、天気予報のバックに、世界の美女のVTRを流した『美女の天気予報』という番組を作ったり、単発で、アフリカのセネガル共和国の奥地から、現地の年頃の女性を連れてきて、日本の男性と見合いさせるという、いかにも彼らしい発想の番組を作ったりしたが、視聴率的には不発だった。

細野の番組創りの姿勢が、攻めより守りが多くなった。

それには理由がある。課長だか部長だか、中間管理職になったことだ。もはや一介のディレクターじゃない。それは細野もサラリーマンだから、肘付きの椅子に座るのはいい気分だろう。

しかし人間管理は彼には向いていない。それでなくとも好き嫌いの激しい人だ。人間の価値を才能のあるなしで決める癖がある。駄目だと決めつけた者にはトコトン冷たい。番組創りのノリで、管理された日には、部下は堪らない。

一部の連中がぶつぶつ言う。思いあまって人事に直訴するやつも出る。カンのいい細野が、それを知らないわけはない。そうなれば力で解決するまでと、余計締めつけを厳しくする。

かくて彼の部下たちは、恐怖政治に戦くことになる。細野本人も煩わしかったに違いない。

10 『8時だよ！全員集合』

細野邦彦が、しばし休戦状態になっているとき、その後を引き継いだ格好となったのが、一九七〇（昭和四十五）年TBSから放送した土曜夜八時からのドリフターズの『**8時だよ！全員集合**』だ。

じつは、ドリフにはTBSで昭和四十二年四月から八月まで『**ドリフターズドン！**』という番組があった。これは先輩の「クレージー・キャッツ」が社会風刺やコント、替え歌、踊りなんかを、フジテレビでやっていた『**おとなの漫画**』のような番組だった。

話は横道に逸れるが、この番組はハナ肇とクレージー・キャッツが、その日の新聞から政治・社会ネタを取り上げたニュース・コントの番組で、一九五九（昭和三十四）年の開局から、昭和三十九年の大晦日まで続いた番組だ。

この番組を創ったのが、当時フジテレビのディレクターのすぎやまこういち。同じ時期に『**ザ・ヒットパレード**』なんて番組も創った。後にフジテレビを辞め、今では作曲家として、あのファミコンの「ドラゴン・クエスト」のバック・ミュージックなどを作曲している売れっ子だ。

そして『**おとなの漫画**』の台本は、すぎやまこういちと高校時代の同級生だった青島幸男が書くことになった。他にも青島幸男と、当時KRT（現TBS）のディレクター砂田実が、身分がバレちゃまずいんで名前を変えて書き、後になって若手の河野洋に引き継がれることになる。

話を元に戻すと、これを真似た「ドリフターズドン！」の経験の流れでできたのが『**8時だよ！全員集合**』だという。

ところで『**8時だよ！全員集合**』。

この番組のすごいところは、毎回都内の各ホールを借りての公開番組だったが、これがじつはナマ放送だったという点だ。

このことを知っている人は少ない。

あんな大道具大仕掛けのギャグをやって、しかもナマ放送じゃないように見せていたところが憎い。そのおかげで、リハーサルが大変だったようだ。

この番組の振り付けを手がけた、わたしの古い珍友三浦秀一から聞いたところによると、普通テレビの公開番組といえば、ＶＴＲ収録の三時間前ぐらいに集まって、チョコチョコッと打ち合わせて本番になるのだが、

「この番組は違ってたね。なんと本番の前日も会場を借りて、立稽古をしてたんだぜ」

ということになる。

「その立稽古も、いかりや長介演出。

長さんがまた凝り屋だから、納得がいくまでOK出さない。何度も繰り返す。おまけに大道具大仕掛けと巧くかみ合わなくちゃなんにもならないから、最後には全員で何度もギャグを手直しして、ようやく納得のいったところで、その日は解散。

翌日は、八時からのナマ本番に備えて、朝から道具を飾ったところでもう一度リハーサルって寸法さ」

その上、八時からの本番までにお客さんの、特に子どもの気分を盛り上げるために、今度はいかりや長介自身が舞台に現れて、客席の子どもたち相手に遊び始めるなどして、雰囲気が最高に盛り上がったところで、本番をスタートさせたのだという。

こうなると『**光子の窓**』にしろ『**ゲバゲバ……**』にしろ、この番組にしろ、歴史に残るような番組は、みんな手を掛けていることがわかる。

この『**……全員集合**』を制作したのが、ＴＢＳの居作昌果。

彼は、その前の年の昭和四十三年に大橋巨泉の『**お笑い頭の体操**』という番組を創っている。当時のベストセラーになった『**頭の体操**』という本を基に、柳家金語楼、フランキー堺、月の家円鏡なんかを相手に、大橋巨泉が「いじわるクイズ」だのナゾナゾ、とんちに挑戦させる他愛ない番組だったけど、その後昭和五十一年の正月から、やはり大橋巨泉で『**クイズダービー**』という番組を創って、大ヒット。いきなり時の人となった。

これは出場した視聴者が、この人ならこの問題に答えられるだろうというゲストに何点か賭ける、それも枠番まであるんだから、細かい。あれは競馬評論家だった巨泉発想なんだろうが、それもあるかもしれないけど、これを創った居作昌実も競馬に関しては、相当にうるさい。

以前彼は、克美しげるが司会した、東芝レコードの提供番組『東芝歌のグランプリショー』という番組のディレクターをしていたことがある。その番組で構成屋としておつき合いのあったわたしは、こんなことがあったのを覚えている。

これはそれを再現ドラマ風にまとめたものである。

○旧TBS社屋三階の喫茶室
居作氏と番組の構成屋であるわたし。
構成屋「来週は、函館で収録ですよね」
居作氏（ニヤリとして）「そう、だから俺、二、三日前に先に行って、函館の競馬場にいるから。あんた車で来るんだろ、だったら直接函館競馬場に来てよ」
構成屋「はい」

○函館競馬場。馬主席
構成屋、居作氏を探す。

姿を見かけて、側に行く。

構成屋「いま着きました」
居作氏「そう。まだ二鞍あるから、あんたも遊んでかない」
構成屋「はい。で、どうですか？」
居作氏「何が」
構成屋「成績ですよ、トレたんですか？」
　ニヤリとして、居作氏財布を取りだし、広げてみせる。
中には、二万円くらいしか入っていない。
構成屋「え、これだけ？」
居作氏「そう……仮払いまでスッちゃった」
　ベロを出して苦笑い。
構成屋「そんな……。じゃ出演者の今晩の食事や宿代なんてどうすんですか」
居作氏「……ま、何とかなるさ」
構成屋「そうですかねえ」
居作氏「俺、知ってる競馬記者んところに行ってるから、あんたも馬券買って楽しみながら待っててよ」
　居作氏、そそくさと新聞記者席のほうに。
不安げに見送る構成屋。

○レースが始まる
　走る馬。
ざわめく周囲の騒音の中で、馬主席だけは静かにおっとりとレースを見守っている。
走る馬、ゴールが近い。
ざわめきが高まる
馬主席の連中も腰を浮かす。
ゴール前の接戦。
ああ、というどよめきとともに各馬ゴールを駆け抜ける。

○馬主席
　今日のレースの成果を談笑しながら、帰り支度を始める馬主たち。
その間をウロウロしている構成屋。
その耳元に「やったぜ」と居作氏の声。
　構成屋の前に、ニコニコと居作氏。
居作氏「これで、仮払いの半分は取り戻したかな」
　と、財布を広げる。万札が十数枚。

居作氏「競馬記者に、頼むからお金貸してよって借りて、最終レースに全額ぶち込んだよ。ま、これで何とかなるだろう」

ホットする構成屋

だが、この話にはまだ続きがある。

○峠道を登って行く車

その車内。函館からの帰り道である。

運転しているのは構成屋、助手席に居作氏。

構成屋「でも良かったですね、無事終わって」

居作氏、鼻歌を歌っている。

○登り坂が急勾配になる

ギヤチェンジしてアクセルを踏み込む構成屋。

ガソリンのメーターは半分くらい。

構成屋「この山を越えたら、ガスを入れないとね」

居作氏「倹約して走らなきゃな。あんまり金が残ってないんだから」

構成屋「そんなあ。じゃメシは？」
居作氏「町に出たらパンでも買おう」
構成屋「それで東京まで帰るんですかあ」
居作氏「なに言ってやんだい。帰れるだけいいじゃねえか」

○坂道下りになる
居作氏「ホラホラ、下りになったよ、エンジン切って。倹約、倹約」
　エンジンを切る構成屋。

○峠道を下って行く車

　そんなことから、わたしは『クイズ・ダービー』は彼が巨泉と意気投合してできた番組ではないかと思っている。

11 なんてったって『ワイドショー』

これまではすべて、週一回のレギュラー番組である。

これが、毎日放映するワイドショーとなると、少し違う。

昭和四十三年から始まった、月曜から金曜までの日本テレビの『お昼のワイドショー』。

「どんなものをやったらいいかねえ」

チーフ・プロデューサーの野崎一元は頭を痛めていた。本来彼は、ドラマのディレクターである。

それが年功序列で部長となった。

テレビ界の渡辺邦男。早撮りのノンちゃんといわれた彼も、ドラマとは違うワイドショーというものを、どうすりゃいいのか見当もつかない。

とりあえず、他局のワイドショーなる番組を参考に見る。

と、ニュースであってニュースでなく。娯楽であって娯楽でない、妙な番組だ。

だったら、毎日のことだ。牧伸二にウクレレを持たせ、天気予報をやらせて、晴れでも雨でも曇りでも「ああヤンなっちゃった」と歌う「ヤンなっちゃった天気予報」なんてどうだ。

なんて言っているうちに、参議院選挙があった。タレント候補ブームの中で、青島幸男、横山ノックなどが当選した。

そこでこの二人をワイドショーの司会者にしたら、という編成側の意見で、野崎一元は早速出演交渉に取りかかった。

青島はＯＫ。後はノック。

私は野崎一元に呼ばれた。

「ノックがね、どんな内容をやるのか、書いたものが欲しいって言ってるんですよ。すみませんが、何かこれというアイディアを書いてきてくれませんか」

そんなこと急に言われたって、私はブツブツ言いながらも、ノックが乗りそうなネタを、あれこれでっち上げて翌日、野崎とともに国会議員会館、横山ノックこと山田勇議員の部屋に乗り込んだんだから、いい加減なもんだ。

初当選のノック議員は、その興奮でまだ鼻息が荒かった。しばらく選挙のゴタクを聞かされた後、野崎チーフはおもむろに切り出した。

「……というわけで内容はここに持ってきておりますが」

と、私の汗と涙と、いい加減だがもっともらしい労作を差し出した。

ノックは、それを受け取るとバラバラとめくった。

が、目はその原稿なんか読んでいなかった。

そして突然言った。

「この番組は金沢のほうには流れているんですか？」

「もちろん流れていますが、なにか……」

「いや、今度の選挙で北陸のほうが票の出が悪かったもんだから」

北陸に番組が流れているなら、ということで、出演ＯＫだ。

なんのこっちゃ。私も私なら、向こうも向こうだ。

司会者が決まれば後はアシスタントだ。

野崎一元は、ＮＥＴ（今のテレビ朝日だ）でワイドショーの司会をやっている八代英太に目をつけていた。そこで彼はＮＥＴへ乗り込んだ。敵地で引き抜きの打ち合わせとは、彼もいい度胸だ。

その夜、都内某所の飲み屋で八代は感激を顔に表して言った。

「やらせていただきます」

他局のワイドショーを見ても、メインの司会者の横には男女のアシスタントが控えている。マネをするわけじゃないが、見た目の座りがいい。女性のアシスタントには、知名度も含めて中山千夏がいいということになる。

野崎一元は、細野邦彦と違って、典型的な会社型人間だ。決して独断で人選はしない。必ず、編成なり営業なり、芸能局の偉いさんの意志を確かめてから行動する。

こうして、森繁久弥の物まねの得意な八代英太と、『**がめつい奴**』のテコ役で一世を風靡した名子役（もっともこの時は二十歳になっていたが）中山千夏を従えて『青島・ノックのお昼のワイドショー』が誕生した。

月、水、金が青島。火、木がノックと担当も決まった。

ところで、青島側には、青野、長沢という優秀なブレーンがいたが、ノックには東京ではブレーンがいない。そこで私などがピンチヒッターとなり、彼をフォローすることとなった。

スタジオは、有楽町のそごうデパートの上、テレビホールからのナマ放送だ。

いろんなことをやった。

火曜日担当のディレクターの一人、矢野健は、関西人だけにワイドショーにもなんとか笑いを持ち込もうとした。彼の発案で、そごうデパートの入り口に、中山千夏を立たせ、昼休みに前の通りを行くOLやサラリーマンを相手に、千夏の前に置いてある靴がはけたら差し上げます。とか、通行人にタバコを吸わせ、ライターで火をつける時、一度では火がつかず、三度目でついたら三千円さしあげますとか、デパート中を走り回る買い物ゲームなんていうのをやってみた。

そうかと思うと、やはり火曜担当のディレクター馬場寛のアイディアで、ノック議員の威光を利用して、地域の喧嘩に首を突っ込んで、行政に電話で「もの申す」ということもやった。

飲食店の生ゴミが自宅前に棄てられて困る。何度飲食店に掛け合っても捨てるのをやめない。区役所に苦情を言っても、全然取り上げてくれない。

こんな投書をもとに取材してみると、なるほどひどい。

夏だから臭いもキツい。

もっとも、飲食店にも言い分はある。結局そこしか置く場所がないのだ。別に捨てたわけじゃない。ゴミの収集までの間だけだという。

よし、これを取り上げようとなった。

本番で突然問題を突きつけて、行政側の応対ぶりを見るのもねらいの一つだ。

まず八代英太が、区役所に電話して、番組名と用件を言う。

だいぶ待たされて担当者が出る。八代の説明にもぶっきらぼうな応対で、結局、そんなことは当事者で解決しろと言う。さすが区役所だ。

「それができないからこうして電話しているんですがねえ」

と、八代。

ところがそれに対して、

「それでなくとも、こっちは忙しいんですから」

ときた。

なるほど一時までは昼休み、弁当を食うのに忙しいのか。

ムッとする八代に、バトンタッチして、ノックが変わる。

「もしもし、横山ノックですが」

相手はしばし戸惑いの間があって、急に言葉使いが変わった。あわてふためいている様子が手に取るようにわかって、突然向こうは上司らしきものと変わった。

あげくに、早速係員を派遣して、善処しますときた。

はからずも、参議院議員の力と、区役所の体質がモロに見えた。

こいつは面白い。ちょっとした水戸黄門だ。と思ったら、現在とは違って昭和四十年代のことだ、これは刺激が強すぎたらしい。茶の間の奥様方は、こんな争いごとはお好きではないらしい。視聴率も稼がず、これは男性思考だということで、まもなく中止になった。


その点、青島組はブレーンが威力を発揮して「百人への質問」ふうに、看護婦、サラリーマン、電話交換手など、百人の意識調査のワンテーマで一時間を持たせ、早くもワイドショーとして安定していた。

そこへいくとこっちは行き当たりばったり、支離滅裂。

そんなこともあって早くも横山ノックはノックダウン。

急ごしらえのブレーンは力不足だった。


こうして月曜から金曜まで、青島幸男で統一された『**お昼のワイドショー**』は新装開店した。スタジオも、有楽町のそごうデパートから、丸の内の武道館の横にある、今の千代田ビデオのスタジオに移って本格的にスタートした。

話は変わるが、まだ、そごうデパート時代、森繁久弥がゲスト出演したことがあった。

森繁の物まねが得意な、八代英太は感激して緊張の本番を迎えた。

八代のインタビューに答える森繁。

森繁は、映画のセリフなどでもそうだが、決められたセリフが終わった後、ちょっと間をおいて、フトつぶやく捨てゼリフが、彼のおかしさの小味である。

それを知らなかったのか、八代は、森繁が何か答えて、さてその後気の利いた捨てゼリフを言おうと一息ついた時、それを遮るように次の質問を浴びせてしまう。

憮然として答える森繁。

とうとう最後まで、森繁は自分の味を出すことができなかった。

本番が終わり、帰りがけに森繁は「騒々しい男だネ」と一言捨てゼリフをつぶやいた。

もう一つ、このワイドショーで野末陳平が黒のサングラスを初めて外したことだ。

当時、陳平は常にサングラスを掛けていた。それも売り物で、徹底して素顔を見せなかった。

大阪のホテルでマッサージさんが言っていた。

「陳平さんは、マッサージする時もサングラスを、よう外さんのや。お風呂に入る時もやで」

そこでいったいあの眼鏡の下はどうなってるんだろう、きっと赤塚マンガのお巡りのようにつながり目じゃないか、などわれわれもアレコレ噂し合っていた。

その野末陳平が、ある日自分から、番組の中で、

「明日は、この眼鏡を取るよ」

と、宣言した。

千夏が受けて。

「へえ。本気なの？」

「ああ」

「いやあ、明日が楽しみだ」

その当日。

番組の中で、陳平はおもむろに、

「じゃあ、約束通り」

と眼鏡に手を掛けた。

陳平は、大変な照れ屋である。

千夏や八代などが、

「さあどんな素顔が現れるでしょう」

なんて煽るもんだから、照れてなかなか眼鏡を外すキッカケが摑めない。

それでも、ようやく決心したのか、

「ホラ」

とサングラスを取った。

初めて画面に現れた素顔を見て、

「キャー。可愛い……」

千夏が言った。

話を本筋に戻すと……。

ワイドショーは、各曜日ごとに、ディレクターや放送作家たちが、それぞれ自分の担当の曜日の目玉となる企画を考える。こうなると、各曜日ごとの視聴率競争にもなってくる。

私の担当する火曜日のディレクターの一人馬場寛は、相当ユニークな人物だ。その彼が言った。

「視聴率を稼ぐなら、スターを番組に出すしかないよ」

ということで、スターを登場させて面白いものはできないかと考える。狙い目は、かつてフジテレビの『**小川宏ショー**』でやっていた「初恋談義」、いわゆるご対面番組である。

「ただご対面だけじゃ能がないよな」

「そのスターの半生記を紹介して、そこにご対面を入れたら?」

「だったらついでに、その折り目節目を浪花節でうなったら?」

「面白いね」

馬場寛は、そんなヘンなことにはすぐに乗ってくる。

そこで生まれたのが、スターの半生を浪曲とご対面とインタビューでつづる『**浪曲人間シリーズ**』だ。

以後ざっと七年間、のべ三百五～六十人ほどのスターを登場させた。

浪曲は玉川勝太郎。

最初と、真ん中のドラマティックな部分と、最後の三カ所に玉川勝太郎の名調子が入る。なんのことはない、私は毎週三曲ずつ歌謡曲の作詞のまねごとをしているようなものだ。

今だからうち明けると、当時、

「本人を前にして『馬鹿は死ななきゃ直らない』って言えたら気持いいだろうな」

という不純な動機から生まれたものだ。

だからなるべく出場するスターに、おもねらないことを心がける。もっとも、浪曲のラストでは必ず「日本一」とか「日本晴れ」など、おおげさな褒め言葉で唄い上げるんだから、おもねらないという精神も、だいぶ怪しいものだ。

それでも、水原弘には「無頼の人」と唄い上げ。

「とうとう俺を、無頼にしちめえやがって」

と、苦笑させたり。

コロムビア・トップの時には、念願の「馬鹿は死ななきゃ……」を堂々と唸らせ、ノリのいい彼に、それを聞いてウットリ悦に入らせたりもした。

しかし何といっても、この企画の本領が発揮できたのは、青空一夜の時だった。

青空一夜は、トップの一門だ。取材してみると、御大トップから絶好のネタが手に入った。もちろん本人には内緒である。

一夜がまだ漫才としてもそんなに売れていない時のことだ。一夜が下宿しているところの娘さんとネンゴロになった。若いから当然なるようになる。

そこに、一夜の兄弟子に当たる青空東児が遊びに来た。

そしてなんと、東児はそこの娘さんの母親と、なるようになったという。

二階で一夜と娘。階下で東児と母親。

こいつは最高のご対面ネタだ。

よーし。絶対探し出して見せる。私と馬場寛の眉がつり上がる。

その結果、母親も娘さんも、すぐに連絡がとれた。母親はアッサリ出演ＯＫとなったが、娘さんのほうはなかなかＯＫしてくれない。

そりゃそうだろう。

そこを何とか、我がほうの口説きの名手鈴木克夫が口説き落として、ようやく出演ＯＫ。

さて本番。

ゲストはトップと一夜の相棒、千夜と東児。この仕組みを知っているのはトップだけだ。主人公の一夜は、スタジオ入りの前からご対面の相手を気にしている。

浪曲とインタビューで話が進行して、さあご対面。

「では、この方を……」

一夜の顔に緊張が走る。

八代の呼び込みで、登場したのは娘さんだ。

「あ、ああこの方には、ホントにお世話になって」

真剣な一夜の顔が引きつっている、本質は真面目な青年なんだ。

ゲスト席では、トップも東児もニヤニヤしながら成り行きを見つめている。

といって、ここで一夜を追いつめるのが本意じゃない。

話をそこそこに端折って、

「では、もうひと方、この方です」

という八代の声に、え？　まだ？　というような一夜の恐怖の表情。

ゲスト席では、トップが千夜に「今度はお前だぞ」とささやく。

千夜が緊張すると同時に、一夜の顔がゆるむ。

「では……どうぞ」

八代の呼び込みで登場したのは、娘さんの母親だ。

その途端。

ガタガタとゲスト席で音がしたと思ったら、東児があわててスタジオから逃げ出した。

トップのうれしそうな顔。

「恐ろしい番組だ」

終わってから一夜がしみじみつぶやいた。

この東児、一夜、千夜。三人とも今や故人となってしまった。

この手の番組は、取材がすべてだ。

一緒に取材するのは、保坂武孝、井上泰昭など担当のディレクターと、私と、同業の鈴木克夫である。

七百五十人以上も取材すれば、そりゃあいろんなこともある。

スターに会って直接聞くわけだが、そこで気がついたことがある。ほとんどのスターが、自分は貧しい中から這い上がって、ここまで来たというパターンと、自分は裕福な生まれで、さほど苦労なく今日まで来た、という二通りに分かれることだ。だが、そのどちらもウソ（というのが手厳しければ、多少オーバー）だという点だ。

高名な作曲家が、若き日故郷の新潟で、食えなくて門付（かどづけ）して歩いたことは有名な話だ。しかしそれ

も、彼のお母さんに言わせると、

「そう言っているらしいけど、どこに自分の子に食べさせない親がありますか。自分が食べなくても、あの子には食べさせましたよ」

となる。

これなど、もう伝説化していて、どっちがホントかわからない。

反対に、俺の生家は代々の地主だと聞かされて、行ってみると地主の隣の家だった、なんてこともある。そんな時は、その本物の地主さんの家族の誰かを、ご対面の相手に選んでウップンを晴らす。

だが、一番多いのは年齢のサバ読みだ。特に女性に多い。

この番組は、それをバラすのが目的じゃない。ただ、ご対面の相手を捜すのに、学校関係を調べる時困るから内緒でホントの年を教えてくれと頼んでも、平気でウソ年齢を教えてくれる。ひどいときは六つもサバを読まれたことがあった。

小学校へ行って、卒業名簿を見せてもらう。該当する卒業年度には記載されていない。まあ二歳くらいのサバ読みはあるかもしれないと、二年前を調べても、名前が出てこない。幸い、彼女が在学中を知っていた教頭先生に聞いて、はじめて六歳も違っていることがわかった。

あんまり悔しいから、ご対面の相手にエピソードのあるなしにかかわらず、見た目で一番老けた学友を選んだこともある。

この高名な女性歌手も、先年惜しまれて帰らぬ人となってしまった。

一方、苦労してご対面の相手を捜し出しても、取材にはなんでも応じてくれて、いいエピソードをたくさん持っているのに、どうしてもテレビに出るのはイヤだと言う人もいる。

スター本人も逢いたがっているからと迫っても、ガンとして断られることもある。

特に京都の人は鬼門だ。隣近所に気兼ねしてか、絶対に出てきてはもらえない。

しかし、考えてみれば、勝手に出演をしてくれと、強引に頼むほうも悪い。断られても、文句を言える立場じゃない。

と、わかってはいても、ハッキリ断られると、逆恨みするところがテレビの傲慢な点だ。

このように、全国各地を取材して回ってみると、日本の小学校くらい資料の完備しているところはない。役場なんかより、はるかに頼りになる。

明治生まれの、坊屋三郎。

北海道夕張の小学校には、いまだに彼の成績表が保管されている。べつに彼が有名人だからじゃない。その成績表に、当時の担任の先生の寸評が書き込まれている。

それによると「一言多し」。いかにも坊屋らしい。

永遠の二枚目、上原謙は、浪曲が大嫌いだという。

そりゃそうだろう、立教大学卒の敬虔なクリスチャン。浪曲なんかと合うわけがない。

そこを何とか頼み込んで、番組に出演してもらった。自分の過去を浪曲で唸られているのを聞いている時の、彼の顔ったらなかった。しかし、番組が終わったとき、上原謙は、お世辞抜きで晴れ晴れとした顔で言った。

「浪曲って、気持いいもんですね」

その気持いい浪曲を、七年間にわたって、毎週唸り続けた玉川勝太郎。名門である。名前は大きいが小柄だ。

昔は暴れたらしいけど、そんなことは感じさせないほど穏和で、家庭的で、天性の美声も衰えない大看板だ。

（しまった、浪曲人間シリーズのつもりで、つい持ち上げちまった）

その彼もつい先年故人となってしまった。惜しい。

当時勝太郎のマネージャーだった、佐野氏。

この人がユニークだった。

裁判所の書記という経歴もあり、自身も元浪曲師だった。極度の近眼で、分厚い眼鏡をかけているが、何かというと左腕の臭いをかぐ。何だろうと思ったら、腕時計を見るためだった。

男気のある、愉快な人だった。その彼も今は故人。淋しい。

「人間シリーズ」が終わると、さて次に何をやったら数字が取れる？

火曜班のスタッフ全員が、小田原評定の末決まったのが、『**再婚見合い**』。

ワイドショーの特徴の一つは、内容に関していちいち局の編成などに通さなくてもすむことだ。したがって企画書も必要ない。

これが単独の番組だったら、こんなものは、営業やら編成などからいろいろ突っ込まれて、なかなか実現できないだろう。

しかし、この「再婚見合い」の取材ほど陰々滅々としたものはなかった。

今でこそ、バツイチは勲章のようなものだけれど、昭和五十年代の頃だ。それが取材の仕事とはいえ、別れた理由など聞くものじゃない。

しかし、そこを聞き出さなければオイシイ番組にはならないから、根ほり葉ほり聞き出す。

「人間シリーズ」の取材や、ご対面候補者の出演交渉でもそうだったが、視聴者と接するのは難しい。特に地方の人となると、興味半分、警戒心半分で接してくるから、なかなか本音を聞かせてくれない。

そこへ行くと、わが相棒、鈴木克夫は、その誠実な語り口で相手の信頼をかち取る名手だ。ホントは、そんな誠実じゃないですよ、と教えてあげたいくらいだ。特に離婚した若い女性に頼られて、同行した私やディレクターを悔しがらせる。

といっても、そんな若い離婚妻なんて滅多にお目にかかれない。たいていは、お年を召しているか、男性が圧倒的だ。

特に男の場合は聞くのがつらい。

朝、四時半に起き、前の晩洗った洗濯物を干し。食事の支度をすると、子どもの朝御飯と弁当、夕食を用意して会社に出勤する。

帰ってくると、休む間もなく掃除と洗濯……。こんな生活がもう四年半も続いているという。

こっちが身につまされて、取材が続けられなくなる。

そこで気づいたことがある。

男にせよ女にせよ、一方的に別れた理由を聴くわけだから、だいたい相手が悪者になる欠席裁判だ。向こうにも当然言い分はあるだろう。といって、それを追求するのが番組の趣旨じゃないから、別れた相手に聞くことはしない。ただ、一年間くらい取材した経験からいうと、子どもを引き取ったほうの側が、どうも正しいようだ。

だが、この企画は短命に終わった。

理由は視聴率じゃない。

なかなか、これという条件に合う男女が集まらなかったこと。

特に女性が不足してきたこともあるが、決定的だったのは、各所の結婚相談所を渡り歩く、問題のある男性たちが応募するようになったからだ。

次に登場したのが『**テレビ公開捜査**』。

これは、鈴木克夫が中心となって、私はほとんど加わっていなかったから、細かいことは知らないが、家出人を番組で探してあげる、という内容だ。

それを、本職の探偵が探す。見つかれば涙のご対面。

その家族が窮状を訴えて、帰ってきてくれとテレビを通して呼びかける仕組みだ。

たまたま放送中、その行方がわかったり、本人から電話がかかったりしたら、もうスタジオ中が大興奮。

ところが、これと全く同じ番組を、その後再びテレビで見ることになる。

『**テレビ公開捜査**』は一九七九（昭和五十四）年頃の話。

その後テレビで見たのが一九九八（平成十）年のこと。

その間約二十年。

なんとテレビは、年々進歩しているではないか。

12　細野邦彦の『ワイドショー』

ワイドショーに限らず、どんな番組も大なり小なり試行錯誤を繰り返して定着していく。それでも視聴率が上がらないと、悲惨なことになる。

まず、番組の一部の手直しが始まる。だが、そんな程度で一度生えたペンペン草はそう簡単には取り払えない。それどころかよけい悪くなってくるものだ。

「どうしたらいいかなあ」

そこでスタッフは、あれこれ手直しの意見を出す。

ここでディレクターの個性の違いが出る。サムライ肌のディレクターなら「俺が一切責任を持つ」とばかり、出された意見にスパッと結論を出す。自分の能力に自信があるから結論が早い。

これが小心だったり、サラリーマン根性に徹していたり、勘の鈍いディレクターだと、そうはいかない。出されたさまざまな意見のどれを取り上げたらいいか、迷いに迷う。

「ウーン。これで面白いかなあ」

面白くするのはお前だろう、と言いたくなるようなことを言う。

これは、そのディレクターの眼が、視聴者でなく局の上司のほうを向いているからだ。

(これで上から怒られないだろうか)が、優先するから、結論が出ないのだ。そこでアッチを直し、コッチに手をいれと番組はもう満身創痍。その結果、たいがいは数字がもっと悪くなり、結局最初の内容が一番良かったということになるのがオチだ。


視聴率を取るためには、番組の企画もさることながら、意外に大事なのは司会者の顔だ。

「誰が良いかねえ」

新番組が企画されると、ディレクターが、まず頭を悩ますのがこれだ。

そして結局。

「おい、誰かタレント名鑑持ってこい」

となる。

タレント名鑑とは、すべてのタレントを、ア、イ、ウ、エ、オ順に写真付きで集められているものだ。

会議の席上で、関係者たちがそれを見ながら、

「ええっと……ア、ア、ア……と、これじゃちょっと線が弱いかな」

探し始める。

それでもはじめのうちは真剣に探しているが、そのうちに、

「おお、そういえばこんな奴もいたな」

懐かしい顔を見つけると、

「こいつはねェ……」

と、当時の思い出をみんなに披露し始める。

まるで、大掃除の時の畳の裏の新聞紙状態になって、なかなか前に進まない。

半日かかって、せいぜいナ行かハ行。しかもその辺になると、みんな疲れてくるから、見方も雑になる。ペラペラとページをめくって、写真を斜めに見ていくだけだ。そして結局、名鑑を閉じて、

「いいのはいないなあ」

とため息をつく。

これからタレントになろうという人は、ア行の芸名をつけることをお薦めする。

もっとも、そうまでしなければ司会者の見当もつかないような番組は、初めから視聴率なんか期待できない。

「あいつを使ってこんなものがやりたい」

というのが企画の本来だ。

こうして司会者が決まる。

しかしまあその司会者が、期待に応えて視聴率が上がれば上がったで、ディレクターは今度は、ま

たまた司会者の扱いに苦労する。

司会者に限らず、タレントというものは自惚れが強い。口には出さないが、この数字は俺が稼いだんだと思うようになる。たしかにその面はあるが、忘れてもらっちゃ困る。内容をあれこれ考えるのは、ディレクターや放送作家だ。

それに対してそのうちに、それじゃあやりにくい。ああしてくれこうしてくれ、と言い出すようになる。

ディレクターも、その司会者で数字を取っている点を無視できないから、仰せごもっともと、どうしても押されがちになる。

司会者横暴、この悩みは視聴率の高い番組の担当者は、ほとんど味わっているはずだ。

それと、視聴率を取るのに邪魔になるのが、今はいざ知らず、当時「編成会議」と称したやつだ。

視聴率の戦国時代にあって、高視聴率を上げた番組のディレクターやプロデューサーは、大体トゲか毒を持つ個性の強い人間だ。

その人間が考えた企画だから、毒もあればトゲもある。その毒とトゲが高視聴率に結びつく。ところが、その企画を通すためには、大会議の波を潜らなければならない。

「これは、ちょっと過激すぎないかい」

大会議となると、必ずいるのが、この手の良識人間だ。良識人間の言うことだけに、正論だから誰も表だって反対できない。

それが会議の権力者だったら、目も当てられない。どこにでもいる、おべんちゃら人間が、この尻馬に乗ってアチコチいじり回し、肝心のトゲも毒もみんな抜かれてしまう。丸裸にされたら、それはなんでもないただの企画だ。

しかし、法律にだって裏のあるこの国だ。

実力のあるディレクターは、そんなことではビビらない。

その場はしおらしく納得した顔で引き下がる。これで本番が始まると、手直しと称して、会議で削られたトゲと毒を、少しずつ復活させる方法だ。

「会議さえ通してしまえば、あとはこっちのものさ」

と、彼らがうそぶくのはそのためだ。

これで、数字が上がってさえいれば、誰も何も文句を言う者はいない。


そんなこともあって、細野邦彦はその会議を嫌う。

彼にしてみれば、会議で自分の意見を通すことなんか、テキ屋ばりの話術で、たちまちケムに巻いてしまうに違いない。

しかし、それがウザったい。

そこで彼は、そんな会議を一切無視して、直接重役のところに飛び込んで企画を通してしまったりする。その型破りが、組織の中に敵を作ることとなる。

もっとも彼はそんなことは意に介してはいない。

それが、視聴率を稼ぐディレクターと、普通のディレクターの大きな違いだ。

細野ばかりじゃない。こうして、戦国時代には、勇み立った多くの武将が、視聴率争いの戦場を駆け回っていた。

そんな中で、二年後の昭和四十七年。

細野は、朝のワイドショー『あなたのワイドショー』を創ることになる。

これはもしかすると、天覧試合なのかもしれない。

細野は疲れた身体にむち打った。

元来、細野には昔から一つの持論があった。それは、報道番組のあり方に関してである。報道だって、テレビ番組なんだから、もっとショーアップして見せるべきだという。

「ニュースというと、アナウンサーの顔ばかり写っているのは面白くないよ」

彼のことだから、当然その事を報道局に進言した。

しかし報道局からみれば、芸能局なんてテレビの末端組織。体よく追い払われたらしい。

ワイドショーを担当するに当たって、彼がまず考えたのはショーアップしたニュースだった。

そこで念願叶って取り上げたのが『**テレビ三面記事**』だ。つまり、全国の新聞からネタを探して、これをリポーターが取材して報告するというものだ。

週に三日。自分が先頭に立ち、ディレクターも信頼する萩原雪彦に任せた。

ねらい通り事件モノは強かった。

これに気をよくして細野イズムは復活した。

この番組くらい、短期間に何度もタイトルを変えた番組もない。それが、この頃の彼の心境の変化を物語っている。本人は否定するけれど、やはり肩に力が入ったのだろう。

最初、番組のタイトルを『**ル・マタン**』とフランス語で迫った。そして司会者に、E・Hエリックを起用した。さらに驚いたことに、番組のリポーターに、豊原ミツ子や青空はるおはわかるとして、なぜか、ばばこういちを加えたことだ。

ばばこういちは、本来細野が一番毛嫌いするタイプのタレントだ。もしかしたらインテリ・コンプレックスに陥ったのかもしれない。なんのことはない、八っつぁん、熊さんが高級レストランに入ったような番組だった。

しかし、細野イズムが復活してもタイトルを『**ミセス&ミセス**』と改名しているようでは、まだまだ、気負いが先行して、本格的ではない。

もう一つ、細野にとって気の重い問題があった。

各曜日担当のディレクターたちは、ほとんど新顔が多い。彼らはいわゆる恐怖政治で締め上げた連中だ。面従腹背の者もいるはずだ。

本来なら、潤滑油となるべき番頭役が必要なところだが、それがいない。

だが赤尾健一は既に彼の許を去っていた。

八田一郎は『昼のワイドショー』を担当している。

村上英之は『TVジョッキー』。萩原雪彦は『テレビ三面記事』に体を取られて、そんな余裕はない。


三度、細野はタイトルを『あなたのワイドショー』と変えた。

タイトルは何度変えても「三面記事」だけは変えなかった。

その売り物の「三面記事」で、今度は思わぬ事件が起きた。

E・Hエリック、ばばこういち、豊原ミツ子、青空はるおらが、番組を降りるという。細野にとっては初めての体験だ。

ばばこういちが代表して、理由を発表した。

「番組の予算を切りつめたため、リポーターたちは取材に、自分のカメラ、テープレコーダーを使い、空港までのタクシー代は自分持ちという劣悪な条件。しかも彼は(細野)は、事件の背後にある社会や政治を見通す目がない」

　これを聞いて細野は憤然とする。

「彼らが番組についての意見を言うのは勝手だが、社会だ政治だと演出や制作にまで入り込んでくるのは越権行為だ。それに予算を切りつめたというが、彼らの本音はインフレだから、ギャラを上げろということ。タレントのギャラはインフレで上がるもんじゃない。実績で上がるもんだ」

　と斬って棄てる。

　それも声を高くして力説するから、タレント側も反発する。

「もともと権力志向の強い男だ。オレ利口、お前バカ。オレ金持ち、お前貧乏人。オレ支配する側、お前される側と露骨に考える男だ」

　と、舌戦も果てしない。

　この事件で、彼の気負いも吹っ切れた。ようやく眼を覚ました細野は、番組を大改造する。大きな会議室に、いわゆる細野組が全負集合する。

　その中で、細野は八田一郎を『**昼のワイドショー**』から呼び戻した。会議では八田一郎がはしゃいで、見事潤滑油の役を果たして、ともすれば沈みがちな雰囲気を盛り立てる。

「司会者は誰にしよう。朝向きなさわやかな人はいませんかね」

　細野が切り出した。

　それに応えてチーフ格の、横江川が恐る恐る口火を切る。

「これは、前に私のところに売り込んできたものなんですが」

と、一通の封筒を出した。

中にはポートレートと経歴書が入っていた。

それが沢田亜矢子だった。

「ああ、いいじゃない」

早速八田が無責任に賛成する。

じつはこれは無責任じゃない。これで細野をその気にさせるテクニックだ。こういう細野をノセる人間がいなければ駄目だ。

しかし、残念ながら当時彼女は顔が売れていなかった。だから営業や編成がなんというかだ。

「その辺はボクに任しておいてください」

細野は言った。

そうなると後は中味だ。

数字を稼いでいる『**テレビ三面記事**』は、そのまま残すとして、他の曜日で何をやるかだ。

「女の人生相談をやろうよ。悩みを募集してそれを再現フィルムで見せる。

こうして『**あなたのワイドショー**』は、昭和五十四年四月から、みんなが見るようにという願いを込めて、細野が名付けた『**ルック・ルックこんにちは**』に衣替えした。

細野はチーフ・プロデューサーとして、肘掛け椅子にデンと納まっているだけだ。腕の振るい場がない、トゲが売り物の細野が、牙を抜かれての戦いである。

その細野カラーを受け継いだ企画で、八田が勝負した。最後まで残った『**女ののど自慢**』も彼の企画である。


やり場のない細野は、時折突飛なことを言い出す。

新聞の訃報記事を見て、名の通った人の葬儀に、番組として弔問しようというのである、チーフ・プロデューサーのお声掛かりだ。誰も反対することなく、早速実行に移された。それも事前に連絡するわけでもなく、突然カメラが飛び込むのだから、相手はびっくりする。それもリポーターがつくならともかく、人手がないから、衣装部から礼服を借りA・Dが、およそ似合わないスタイルで、恭しく香典を捧げるのだから、場違いも甚だしい。新手の香典泥棒と間違えられないだけ見つけものだった。

当然、このコーナーは短命に終わったが、所詮、じっとしてはいられない細野が、自分を抑えきれずに考え出したような企画だった。


こうして鬱々として楽しまなかった細野が、本当に眼を覚ましたのは、『**ウィークエンダー**』だった。

『**ルック……**』の『**テレビ三面記事**』が家庭で評判となり、サラリーマンが家に帰ると奥さんに、

「今日の三面記事は、どうだった」と聞いているという。ならば、いっそサラリーマンのお父さんのために、土曜日の夜十時から六十分、三面記事の特集番組を作れ、ということになった。

一九七五（昭和五十）年のことである。


ようやく細野は、苦手なデスクワークを忘れて、専念する玩具を持った。

実際、番組作りとなると、彼の顔は輝きを増す。久しぶりに、彼は自分から動いた。

早速、『**TVジョッキー**』から村上英之を外して、ディレクターのチーフに据えた。『**ルック……**』の三面記事のスタッフと同じように、後に専用のスタッフ・ルームができるまで、村上のデスクを中心に、手が汚れるから軍手をはめた取材担当のディレクターたちや、A・Dたちが大勢、全国のローカル紙を読みあさる。

そこで選び出されたネタを、村上は、『**ルック……**』の萩原とネタがだぶらないように調整して五つに絞る。二、三の予備を加えて、細野に見せる。

細野がネタを決定して、リポーターと取材担当のディレクターが現地に飛んで行くことになるのだが。

細野はリポーターも慎重に選んだ。

桂朝丸、大山のぶ代、青空はるお、井口成人。

「**三面記事**」で、いったん番組を飛び出した青空はるおを加えたのは、彼の腕を買ってのことである。

豊原ミツ子にも声を掛けたがこれは向こうから断られた。

細野は、リポーターたちを前にして言った。

「事件は陰惨なものもあるし、面白いものもあります。それはこっちが案配して選びますから、みなさんは喋りのプロなんだから、それをわかりやすく説明してくれればいいんです」

彼は、リポーターがワザとらしくふざけたり、リポートの最後に「犯人は許せない奴です」などと自分の感情をぶつけたりするのを極度に嫌う。

「視聴者はあんたの人生観を聞きたくて、番組を見てるんじゃない」

と、強烈な一発をかます。

細野は完全に生き返った。

そこで問題は、司会者である。

全国のお父さんに、好感を持たれる司会者は誰だ。

村上英之には腹案があった。ＮＨＫの『連想ゲーム』の司会者、漫画家の加藤芳郎である。

細野の承諾を得て、村上は加藤邸を訪れた。村上の心配は、ＮＨＫの裏番組をぶっ飛ばした男、低俗の異名をとる細野の番組にはたして出てくれるかという点だった。

だが、その心配も無用。あの笑顔で快諾されてホッとする。

「これが面白いんじゃないの」

第一回目のネタの中から、細野が取り上げたのは、「豚に襲われて大けが」という、群馬の地方紙のヒマネタだった。

「リポーターは誰にする？」

「順でいけば、大山のぶ代ですが、彼女は嫌がるでしょう」

「そうか、誰かいないかなあ」

「なにしろ明日取材に出さないと間に合いませんし」

と細野と村上が話しているのを聞いていた、細野の番組のデスクを担当していた女性が言った。

「泉ピン子なんてどう？」

じつは、細野が不調だった頃、新人のお笑いタレントに三分間芸をやらせて客の反応が悪かったら、演じているタレントの足下が割れて、当人下に落ちる、というかなりエキセントリックな番組を創っていたことがあった。もちろん短命に終わったが。

まだ無名の泉ピン子は、これに出た。そして見事、床から落ちた。

デスクの彼女はそれを覚えていたのだろう。誰だっていい。もう日が迫っている。それで行け。

早速所属事務所に電話してＯＫを取ると、翌朝早く彼女と取材担当のディレクターは現地に飛んだ。

これが大当たりだった。

豚の種付けの説明で、豚のオチンチンが渦巻き状になっているということから始まって、ピン子の説明は、可笑しさのツボを心得た語り口で、他のベテランリポーターを圧倒した。

下積み時代の長かった彼女には、涙とともに蓄えた、人情の機微を知った上でないと摑めない「笑いの技術」があった。それが活躍する場を与えられて一瞬のうちに爆発した。そんな感じだった。

その後スタッフも、なるべく彼女向きのネタを選ぶように必掛け、彼女もその期待に応えて、リポートはだんだん「話芸」となってきた。


評判のリポーターには、桂朝丸もいた。

彼も細野と同様「悪ガキ」がそのまま大人になったような芸人だ。歯切れの良い大阪弁で、犯人の写真を振りかざし口を極めて罵倒する。その小気味よさは天下一品だ。右でなければ左、考え方がわかりやすい。泥棒にも三分の理なんて通用しない。

悪い奴は悪いと明快だ。

それでいて、笑いのツボはガメツク外さない。加えて天然ボケが、可笑しさをさらに増幅する。

ざこばと、改名した今は知らないが、当時八方破れの生き様も魅力だった。


ピン子と朝丸。この二人を車の両輪として、若いのに落ち着いたしっかりした取材で信頼あるリポートをする正統派の井口成人。声優の大ベテラン、黒沢良の門下として鍛えた話術と、好奇心一杯の取材で、視聴者を満足させる。

人情の機微に触れながら、軽ーくわかりやすく、いかにもお話を聞かせてあげるという語り口の青空はるお。

ピン子とは対照的に、淡々とした語り口のリポートを聞かせる大山のぶ代。

これに随時、事件ネタによって参加する、青空うれし、西川きよし、横山やすしなどが加わってくる。

この顔ぶれを見て「事件寄席」だと言った人がいた。

それもあって細野は、リポーターすべてに
「ウケようとするな。わかりやすく説明すれば笑いは自然に生まれてくる」

と、言い続けた。

ここでの細野邦彦は生き生きとしていた。

しかし、この番組『**テレビ三面記事　ウィークエンダー**』の一番の功労者は司会の加藤芳郎である。

番組では、あまり発言する機会はなかったが、ニコニコとしたその聞き役ぶりは、これまでの細野番組にない、ほのぼのとした暖かさとその人柄は、お父さんとしてリポーターの連中からも慕われ、それが番組のチームワークをしっかりと支えていた。

この結果が、例によって日本ＰＴＡ全国協議会という団体から「俗悪番組指定」というありがたいお墨付きをいただきながら、ピーク時には39％の数字と、九年間の長寿を保った秘訣だろう。

私は後半、細野邦彦の許を離れてしまったから、その後のことはよくわからない。

13 放送作家とディレクター

こうして振り返ってみると、放送作家というのはディレクターの女房役だということがおわかりだろう。しかもこの女房、一人の旦那ではモノ足らず、さまざまな番組の旦那に尽くすとんでもない浮気者なのだ。

幸いわたしは、細野邦彦はじめ多くの旦那には恵まれたほうだが、数ある中には始末の悪い旦那に捕まってしまうこともある。

一番多いのが、旦那としての自信がなく女房におんぶ抱っこしようとする亭主。こんな輩に限って、自信はないけど自尊心は人一倍高いので始末が悪い。

自尊心だけ高い無能ディレクターの場合

担当しているその番組が、突然高視聴率を上げ始めたから、周りも驚いたし、当事者の彼はパニックに陥った。

一流大学卒。入社七年目の、このエリートディレクター氏が初めて味わう、勝利の美酒である。しかし実のところは、視聴者参加で、薄幸の若い男と女を引き合わせるだけの、どちらかといえばお涙ちょうだい式の地味な番組に、その時たまたま、とんでもない男が登場して、そもそもの二人の出会いでコタツの周りを這って逃げ回る彼女を、這って追いかけて思いを遂げたという騒動を告白した。

それがバカ受けして、スタジオ中が大爆笑。

こうした視聴者参加番組は、番組に登場した人物と同じような傾向の応募者が多くなるものだ。以来その番組には、バカ受けねらいの視聴者参加が増えてくる。

そうなるとそれまでなかばイヤイヤ出ていたような、お笑い系の司会者も、水を得たようにノリが良くなって、目が覚めたように番組が活気づいてきた。

番組が活気づけば、それが画面に出て、視聴率も上がってくるものだ。いわゆる番組が勝手に走り出すというヤツだ。


ところが肝心のディレクター氏には、その微妙な変化がわからない。それどころか、自分の実力がようやく認められたかと悦に入っているから度し難い。しかも高視聴率ディレクターらしく、日常の一挙手一投足にまで、気品と威厳を持たせ局内を歩き回って、周囲のヒンシュクを買う始末。

これで番組が永久に続けば言うこともなしなんだろうけれど、始めがあれば終わりがあるのが世の習い。

やがてその番組も終わることとなった。

するとそのディレクター氏は、功績を買われてゴールデンの一時間番組を担当することとなる。

さあ本人は弱った。

（新番組はどんなものをやったらええのやろ）

高視聴率番組のディレクターとしての沽券もあって、失敗は許されない。これまでにそんな経験がないから、彼は焦りまくる。

それでも仲間の嫉妬羨望の目を意識して、一流ディレクターとしての気品と威厳だけは崩さない。なまじヒット番組を手がけちまったばっかりに、

（さすが……と周りから言われるような番組を作らなあかんな）

これがプレッシャーとなって、だんだん自分の手に負えなくなってくる。

だからといって、同僚に相談することもできない。

相談したって、内心（失敗すれば面白いのに）と思っている同僚が、いい智恵を貸してくれるとも思えない。

結局彼は、一人で悩むこととなる。

これまで無風状態だったエリート・ディレクターが、初めて日の当たる場所に出た孤独の戦いである。

そこで彼は、他局も含めて数多いヒット番組の構成を手がけている、高名な放送作家氏に依頼することを思いついた。

といっても、彼はそのセンセイと面識もない。

(しゃあない、当たって砕けろや)

思い切って彼は、その放送作家氏のところに直接電話をした。

「初めまして。じつは新番組の企画のことで、センセイのお力をお借りしたいのですが」

と、電話の向こうからは、放送作家特有の軽いノリで答えが返って来た。

「ハイハイ。承知しました。で、打ち合わせは何時、どこで?」

ディレクター氏が心配しなくとも、高名であろうがなかろうが、放送作家なんてダボハゼみたいなもの。そこに餌があるのに、喰い付かない奴はまずいない。

「……ありがとうございます」

ホッとして、ディレクター氏は、早速失礼のないように、打ち合わせ場所を高級中華料理店にセットした。別に自分の懐が痛むわけじゃない。

さて当日。下にも置かぬもてなしの末、ディレクター氏は単刀直入に切り出した。

「……新番組にはどんなものをやったら良ろしいやろ」

「あなたがなにかやりたいものは、ないんですか」

「はあ」

（それがないから、高いゼニ出してアンタをわざわざ東京から呼んだんやないけ）

これには放送作家氏が驚いた。

（ホントかよ、参ったなこりゃあ）


前にも説明したように、放送作家にとって番組の打ち合わせは、ディレクターの腹案があって初めて成り立つようなものだ。

そのディレクターに腹案がないとなると、こりゃあコトだ。

「編成や営業からの注文はないんですか」

「おまへん」

あっさり、自信を持った返事が返ってきた。

「せやから。いろんな番組を手がけているセンセに……」

そんなこと言ったたって、いろいろな番組を手がけているのは、放送作家氏に才能があるからじゃない。才能あるディレクターと組んで、その才能にオンブ抱っこしているからだ。才能があるとすれば、力のあるディレクターを選別する能力と、そのディレクターに取り入る社交性があるくらいのものだ。


そこで、才能のあるディレクターにオンブするのが得意の放送作家氏と、才能にいささか欠けるところのあるディレクター氏との、噛み合わない打ち合わせが始まった。

「私も、前の番組が数字をとってもうたばかりに、こないなことになって……」

ディレクター氏は、それとなく前のヒット番組を自慢する。

「それは、それは」

と、とおり一遍の相づちを打ちながら、放送作家氏のほうは、とうにこのディレクター氏を見限っている。

そうとも知らず、ディレクター氏はすがりつくような目で放送作家氏にゴマを摺る。

「ここは是非センセに腕を振るうてもろうて……」

「いや、いや」

本来なら、番組の失敗をおそれて、こんなディレクターとは組まない主義のセンセイだが、ゴールデンの一時間番組ともなれば、話が違ってくる。

断るのももったいない。

(まあウチの若い奴に考えさせればなんとかなるだろう)

こんなことには一日の長があるセンセイは、おもむろにウナヅクと重々しく答えた。

「わかりました。どうなるか考えてみましょう」

「おおきに」

喜びのあまり、テーブルの向こう側で頭を下げるディレクター氏を、横目で見ながら、センセイはスープのフカ鰭をチョビ髭に跳ね上げ、老酒に酔って、自信にあふれた笑いを見せる。

ところが！　じつはここからが問題なのだ。

こうしてコンビを組み、番組が始まると、ガ然立場が逆転する。

ディレクター氏が、生殺与奪の権を握る絶対権力者に変身するからだ。こういう性格のディレクター氏は、特にその傾向が強い。

これで視聴率が悪かったりしたら一巻の終わり。

「あの人じゃもう駄目だな」

放送作家の首などアッサリ切られてしまう。

そうしなければ、自分のディレクターとしての立場が危なくなるからだ。

時には、そのディレクターの虫の居所が悪くても、首を切られることだってある。

だから放送作家は、涙ぐましいほど一生懸命ディレクターのご機嫌を取り結ぶ。

東にゴルフに凝っているディレクターがあれば、
ひそかに練習場に通ってパターの小技を磨き。
西に競馬好きなディレクターがいれば、
前の晩寝ずに競馬新聞で検討し。
麻雀好きなディレクターと知れば、
我が家にパイを買い込み、指さばきの訓練怠りなく。

酒好きのディレクターがいれば、
美女のいる酒場の探索にウツツをぬかす。
そんな放送作家に私はなりたい。

わかってもらえない「放送作家」

これが放送作家とディレクターの一般的な関係だ。

ただし今は知らない。

昭和四十年代の頃の話である。


この放送作家という職業を他人に説明するのは至難の業だ。

「ホウソウサッカ？　それはどんな仕事かね」

そう聞かれて、私は言葉に詰まった。

場所は調布警察署の取調室。昭和五十年のことである。

とはいっても、私が強盗容疑で逮捕されたわけではない。

『ウィークエンダー』という番組の、ナマ本番が終わっての帰り道。

深夜十二時半頃。

車で信号待ちをしているところを追突され、相手が酔っぱらい運転だったとかで、事情聴取されていた時のことだ。

　職業を聞かれて、会社員とでも答えておけばよかったのに、つい放送作家と言ってしまったばかりに、ややこしくなった。改まって聞かれると説明に困るのが、この仕事である。

「ええまあ、テレビの台本を書く仕事です」

「ほう。テレビの番組をねえ」

　ここで犯罪捜査歴ウン十年らしき、たたきあげの巡査部長殿の目が、私への尊敬の眼差しに変わった。

「じゃあ『**太陽にほえろ！**』なんかも書いているんですか」

　これだから困る。誰だって作家といえば、ドラマの作家だと思う。しかし同じ放送作家でも、ドラマ作家とバラエティの構成屋とでは、名前は同じでも、月とスッポン。中身が全然違う。テレビのドラマ番組なんて、書いたこともないし、書けと言われたって書けない。

「いや、ドラマを書くほうじゃなくてですね、例えば『**ウィークエンダー**』のような」

　と、言った途端、巡査部長殿の目つきが変わった。

　それまでの尊敬の眼差しから、捜査官の目に切り替わった。

「なに、ウィークエンダー？　あれは困る。こっちが捜査で忙しいさなかに、ドカドカやって来て、根ほり葉ほり聞き回って、迷惑だよ。そうか、あんなもん書いてるのか」

　と、それ以後、口の聞き方まで尋問口調になる。

冗談じゃない、こっちは被害者だ。そんな扱いをされる謂われはない。

と、こっちもムカッ腹で、何か訊かれても答えない。

すると、それに気づいて巡査部長殿は、

「あ、失礼……」

と、口調が穏やかになる。

そんなことを繰り返しながら、巡査部長殿が書き上げた調書によれば、放送作家とは、

「私はテレビ局の注文を受け、その台本を書いてテレビ局に納める仕事で生計を立てている者です」

となる。

何だか台本の印刷屋みたいだが、まあ構成屋なんてそんなもんだ。


しかし、私もよく、恥ずかしくもなく「テレビの台本を書いています」なんて言えたもんだ。

ここに**1冊のテレビ台本**がある。

これは、私の関わった、昭和三十七年三月。フジテレビ開局三周年記念番組の台本だ。

演出は、当時まだフジテレビに在籍していた、すぎやまこういち。

緞帳上がる
スカイライナーズ板付
その前で華やかに踊る
SKDアトミックガールス
（タイトル他紹介スーパー）
踊りは中央階段上に
向かって、迎え入れの
ポーズ
中央階段上にジェリー
出て、小粋に挨拶
すぐ後ろを振り向いて
出演者を呼ぶ
その動きがキッカケで
再び踊り出すSKD
その踊りの間を縫って
ジェリーを先頭に
出演者全員（ピーナッツを

M1　オープニング
　（踊）アトミックガールズ

M　（途中でいったんとまる）

ジェリー　フジテレビ開局三周年記念
　グランド・ジャズ・パレード
　……

M　（再び起こって）

除く）
中央階段上より出て
舞台前に並ぶ。
曲の終わりで踊りはける
出演者も上下に退場

すぐ
中央階段上にピーナッツ

歌い終わるとすぐ
ジェリー下手に出る
下手マイクで

M2　振り向かないで
（歌）ザ・ピーナッツ
（後奏）

ジェリー　内緒ですけどね、今振り向かないでって曲を歌った二人はね、ザ・ピーナッツって云うんですよ、この頃あの二人は大変紳士のファンが多くなったんですよ、何故ってでしょ……ホラあの二人選挙権が出来たでしょう今年から……少なくとも二票は確実

ジェリー下手に退場

終わって下手に退場
入れ替わりにジェリー
　下手マイク

だって云うんで来るべき参議院に出ようと云うオジチャマ族が一杯。
かどうか
さて次の曲は「君去りし夜」

M3　君去りし夜
　　ピーナッツ

ジェリー　ハイハイ……ピーナッツ。
さて次は、大変唇の長い人が登場します。
「電話でキッス」そんなこと出来るんですかね。エーではフランツ・フリーデルさん……

M4　電話でキッス
　　フランツ・フリーデル

終わってフランツ
　下手に退場

こんな調子で、延々と十曲続くだけだ。

いやいや、今こうして見ると、我ながら恥ずかしい、穴があったら入りたい。台本を書くなんて言ったってこんなもんだ。

しかも歌う順番とか、曲目などはディレクターの、すぎやまこういちが、すべて出演者側と打ち合わせてあるから、私はただ、そのメモをもらって原稿用紙に書くだけだ。

いったいこれのどこが作家なんだ。


まだある。

昭和三十八年から始まった、日本テレビの『**百万ドルの饗宴**』という歌謡番組があった。その後各局で登場した歌謡ベスト・テンのような番組で、順位こそつけないものの、レコード各社のヒット曲歌手を集めて歌わせる。だから三十分番組の多かった当時にあって、倍の六十分という大番組だった。

これは、三宅八弥のところの、いわゆる歌謡班が受け持ちだ。

会議室には、タバコの煙がもうもうと立ちこめている。その中で、東大出や音大出など三、四人のディレクターが、真剣な表情で熱っぽく討論している。

「俺は、トリを歌うのはこの歌手だと思うよ」

「そうかなあ、俺はこっちだと思うがなあ」

「だって、この歌手のほうが、そっちより先輩だぜ」

「そりゃそうだけど、歌はこっちのほうがヒットしてるし、ヒットしてる曲がトリのほうが形がいいぜ」

「しかし、そうするとレコード会社のほうがうるさくないかい」

「だったらヒットしている歌手を、番組の頭で歌い出しにしてさ、先輩のほうをトリにすればレコード会社の顔も立つじゃないか」

「そうか、そうするか」

「それしか手はないだろう」

討論が熱っぽいわりに、中身は薄っぺらい。


しかし歌番組にとっては、これが一番大事なことなのだ。

歌手には、それぞれ格とか序列というものがある。

「あいつより俺のほうが先輩なのに、なぜあいつがトリなんだ」

歌手個人の思惑の他に、それぞれが所属するレコード会社が違うから、会社のメンツも加わって、手がつけられない。

美空ひばりほどの、ず抜けた歌手が入っていれば、問題ないけれど、同じ程度の歌手が大勢出てくる場合は、扱いを間違うと血の雨が降る。

その他にも、歌手同士の仲が良いとか、悪いとかも気にしなくちゃならない。

今でこそ違うが、昭和三十七、八年頃には、村田英雄と三波春夫は、どちらも浪曲師出身のせいか、犬猿の間柄だった。そのうえ、村田は当時コロムビア、三波はテイチク、と所属するレコード会社も違う。

この二人が、同じ番組に出るとなると、スタッフは大騒ぎだ。楽屋で同席することもイヤだと言うんだから、どちらかが歌い終わって、楽屋を出てから、もう一方が楽屋入りするように、歌う順番も配慮しなければならない。

そうなると、番組のテーマも流れもない。


しかし、こうしたモロモロの事情も含めて、事前の大会議で決めたことは、前のフジテレビの時のように、担当ディレクターが、まとめてメモにして、私たちに渡してくれる。こっちはただ、そのメモを頼りに、歌を並べ、司会者の青空千夜・一夜のつなぎのコメントと、場合によっては二カ所くらいのコント場面を書く程度だ。

だから、この中で一番書く分量が多いのは、それぞれの歌手が歌う歌詞ということになる。

しかし。それもレコードの歌詞カードがあれば、それを切って原稿用紙に貼りつけるだけだ。カードがなければ、Ａ・Ｄが電話で送ってくる。

「……ええっとですね、いいですか。おひまなら来てよね。私さびしいの。知らない。意地悪。本当に一人よ。一人で待ってんの……」

こっちが書き取れるように、ゆっくり読んでくれる。

読み上げるほうも読み上げるほうだが、これを深夜自宅で「えーっと、私さびしいの、知らない意地悪……だね」といちいち復唱しているわたしもわたしだ。

歌謡曲の歌詞なんて朗読するモノじゃない。しかも、たったこれだけの仕事を、椎名時雄、村上清寿と私の三人、後にラジオで活躍していた羽柴秀彦が加わって四人で分担するんだから、何も書いていないのと同じようなもんだ。

その代わりディレクターたちは、本気で張り切っていた。特に音大出の村上義昭は、九州男児。熱血漢だ。

この頃杉良太郎が、初めてデビューした。

新人コーナーに出演した杉の歌を聴いて、村上はつぶやいた。

「惜しい。ルックスもいいし、声も伸びがある。きちんと基礎をやれば大物になる」

そこで彼は、杉良太郎に言った。

「二週間に一度でもウチに来て、声楽の基礎を勉強しない？」

ディレクターにそう声をかけられるなんて、滅多にあることじゃない。しかも村上は、本気で杉のためを思って言っている。

杉のマネージャーは感激した。

こうして、週一回、杉の村上邸通いが始まった。

数週間経った頃、村上が言った。

「昭ちゃんは、今まで何を教えていたんだろう」

昭ちゃんとは、杉良太郎の歌手としての生みの親、作曲家の市川昭介のことである。

これを聞いて、市川昭介が、苦笑しながら言った。

「歌謡曲にコールユーブンゲンなんて必要ないよ」

間に入って、困った顔をしていたのは当の杉良太郎だった。

結局、杉は、二、三カ月後、上手く村上スクールから、抜け出すことに成功したらしい。

「構成」という仕事の真実

ちょっと話が横道に逸れた。

私は台本を書かないという話だった。

『テレビ三面記事 ウィークエンダー』を例に取る。

この番組は、昭和五十年からスタートした。

土曜日夜十時からの「新聞によりますと……」という素っ頓狂な声で始まった、事件もののリポート番組である。

全国の新聞の三面記事の中から、事件を五つ選び出す。

その一つを「再現ドラマ」で見せる。

後の四つを四人のリポーターが現地で取材して、それをスタジオで報告する番組だ。

そのうち「新聞によりますと」のリード部分は、文字通り新聞記事の丸写しに近い。

そして、桂朝丸（現、桂ざこば）、泉ピン子、大山のぶ代、青空はるお、井口成人などの各リポーターが喋る内容は、リポーター自身が、それぞれ取材して、まとめるから台本には書いてない。

唯一書き込める「再現ドラマ」は、それを担当する取材ディレクターが、自分の好みのドラマ系の作家に依頼するから、私はただ「以下別紙」としか書くことがない。

そうなると、私は、何も書いていないと同じことになる。


それでもまだ、これらの番組は、まがりなりにも台本に、字だけは書いていた。ところが『**コント55号！裏番組をブッ飛ばせ!!**』にいたっちゃあ、台本も書いたことがない。もちろん一緒にやった、半田興一郎だって書いていない。

で、何をしていたかといえば、収録の現場に行って、ぼんやり本番を見物しているだけだ。

大体構成という仕事そのものが、そんなものなのだ。

この説明を関係者以外の人に説明するのは難しいことは前に書いた。

私の知っている限りでいえば、戦前、まだラジオしかなかった時代、娯楽番組の主流はラジオドラマだった。そしてこれを書いたのは、主に劇作家が多かった。

ドラマ以外は歌、浪曲、講談、落語、漫才などが、それぞれ単品で放送されていたから特に放送のための作家なんて必要としなかったろう。

やがて、戦後。

昭和二十一年暮れあたりから、堀内敬三、山本嘉次郎、サトウ・ハチローなど雑学の大家が解答者となって、

「いのししと犬の顎の動きはどう違う?」

なんて出題に、ウンチクを傾けて、あれこれコジつけるのが可笑しかった『**話の泉**』。

ギイーッという扉が開く音で始まった『**二十の扉**』。

藤倉修一アナの出題に、

「それは鉱物ですか、植物、動物?」

と、関谷五十二、宮田重雄、大下宇陀児、竹下智恵子などの解答者が、質問しつつ答えを絞り込んでいくという、アメリカ原産の当てモノ風番組がドッと増えた。

そこで出題にはどんなものが良いかを考える、いわば番組の知恵袋的存在の人が必要になったのだ

ろう。

その頃、その人たちがなんと呼ばれていたか知らないが、やがて昭和二十二年十月。突如、日曜の夜になると、

「日曜娯楽版ーッ」というケタタマしい号外の鈴の音と、

「モシモシあのね、あのね、あのね、これから始まる冗談音楽」の歌で始まる、風刺コントと、オチョクリ歌の本格的バラエティ番組『日曜娯楽版』が登場した。

これこそまさに手作りの味。当てものの出題を考えるのとはわけが違う。

これを作るのが構成の仕事だ。台本を書くというよりは、アイディアを生み出すことだ。それをまとめたのが、三木鶏郎をヘッドとする、トリロー・グループという才能集団。

やがて、昭和二十六年、ラジオの民間放送が開局した。

そこで活躍したのが、先駆者であるトリロー・グループの流れを汲む、キノ・トール、市川三郎等といった人たちだった。

その二年後の八月、初の民間放送テレビとして、日本テレビが開局する。

と、番組は見せ方が重要な要素となってきて、見せ方の専門家ともいえる劇場のレビュー関係者や、バンド関係者など、主にステージ・ショーや音楽畑の人たちが、ディレクターや構成作家に加わって

きた。

当然、先駆者トリロー・グループの若手だった、野坂昭如、永六輔、半田興一郎などといった面々も、構成者として加わってくる。

放送作家という呼び名もどうもこのあたりから、使われるようになったのだろう。

まあ、そんなことなんかどうでもいい。


どうも書かない作家ということを力説しすぎたようだけれど、構成屋になり立ての頃は、嬉しくて書かなくてもいいことまで夢中になって書きすぎるくらい書いたものだ。

こうして曲がりなりにもモノを書くようになって、真剣に原稿に取り組んでいた頃。なにが辛いって、原稿が締切に間に合わないことだ。

特にテレビは、本番って奴を控えているだけに苦しい。時間が迫っても書き上がらない。ディレクターからは、電話で矢の催促だ。腹が痛かったり、風邪を引いたり程度じゃ追いつかない。親も親戚も、みんな殺してしまったからその手も使えない。

となれば、電話に出ないことが一番だ。

ということで、居留守を使う奴は多い。半田興一郎も、その手の名手だ。

もっとも、そうなると細野邦彦のように、それをお見通しで、半田のところに電話して、出ないと、電話をかけた状態で受話器を置いたままにしておく豪の者も現れる。

うっかり電話に出ちまったら仕方ない、覚悟を決める。

「今、半分くらいできてます。あともう少し」

ウソをつけ。原稿用紙にはまだ一行も書いてない。当時はこの手の時間稼ぎが通用したが、今はそうはいかない。

敵もさる者。

「じゃあ、できたとこまででいいからファクスで送ってよ」

となる。イヤな世の中になったもんだ。

「いや、俺んとこまだファクスないんだよ」

「コンビニから掛けられるよ」

「……そのコンビニが家の近くになくて」

なんて虚々実々の駆け引きも仕事のうちだ。


そのうちにもう少し馴れてくるようになると、とんでもない注文が飛び込んでくることもある。

これまで、主に歌謡曲番組を手がけていた放送作家氏のところに、あろうことか皇室番組の仕事が舞い込んできた。

「そんなことといったって、俺、そんな雲の上のことなんて全然音痴だから無理だよ」

放送作家氏は、かつて細野邦彦が、昭和天皇の映像のバックに『枯葉』の音楽を流して始末書を書かされたことを思い出して、尻込みした。

「それを言うなら、俺だって寄席番組をやってたんだぜ」

と、ディレクター氏。

「エー毎度バカバカしい、なんてノリで番組を作ったら、首が飛ぶからな」

と、ディレクター氏は、必死でアチコチ駆け回り、試験前の一夜漬けよろしく資料をかき集め、取材を重ねて、自分なりに番組の構想を固める。

そして尻込みする放送作家氏を呼び、資料を渡し、自分の構想を噛んで含めるように説明する。

この時点で、番組はもうできあがっているようなもんだ。

だから放送作家氏は、安心してその内容をノートに取り、資料とともに家に持ち帰って原稿用紙に書けばいいだけだ。しかも、その原稿を読んで、言葉使いが危ないと思う箇所があれば、ディレクター氏は局のその方面の識者にお伺いを立てて万全を期す。

と、至れり尽くせりだ。

つまり、ディレクターがすべてお膳立てしてくれたものに、作家はオンブ抱っこするだけという仕組みになっている。

これなら、どんなジャンルの番組の注文が来たって驚くもんじゃない。

したがって、さまざまな業種の関係者と親しくなり顔が広くなるという利点もある。

それを利用して、自分の芸術的才能が活かせる業種の関係者と親しくなり、その方面に羽根を伸ばし、放送作家を一つの腰掛けとして本格的な作家業なり何なりと自分の出世の階段に利用する賢明な放送作家も現れる。

そんな器用なことのできない者も、ただぬるま湯につかって年数を経さえすれば、古手の放送作家として、多くの雑学を身につけ、おおいに知ったかぶりもでき、センセイと呼ばれ、その気になれるんだから、こんなオイシイ商売もあまりない。

しかし、そうなればなったで、つらい面もある。

いつも知ったかぶりをしてなくちゃならないから、若いディレクターに何か聞かれても、知らないとは言えない。

「う〜ん。そうだなあ」と、まずなんとか時間稼ぎをして、どう言い繕おうかを考える。

まるで、豆腐の腐ったのを、これはなんという食べ物かと聞かれて、知らないとは言えず、珍品の酢豆腐だと知ったかぶりをしたばかりに、それを喰う羽目になった、落語『酢豆腐』の若旦那のようなセンセイがいたり。会議の席上、意見を求められれば、とっさに、その場で一番権力のあるディレクターなりプロデューサーの顔色をうかがいながら、その人の意見を、言葉を換えてなぞるだけという、特殊技能を身につけたセンセイも現れてくる。

断っておくけど。これはわたしじゃない。

あとがき

番組供養で書き始めたが結果は、放送作家懺悔になっちまったようだ。

ま、懺悔の値打ちもないと言われそうだが、こんな具合にして、あの日々の番組ができあがってゆくんだということも、少しはわかっていただけたかと思う。

そして改めて、テレビには文化なんかないんだということにも気づかれたことと思う。

そもそもテレビはその初放送からＮＨＫも民放も、相撲、ボクシング、プロレス、野球といわばスポーツ見世物を、会場から同時に紹介する機能として出発した。そんな中からまったく新しいテレビ文化が生まれることも期待されたが、その期待を見事にぶちこわしたのが視聴率というヤツの存在だ。

視聴率の数字は、内容の文化的評価など表さない。

そして主に民放では、番組の生殺与奪の権を握っているスポンサーなるモノと、これを尻押しする大手広告代理店などが、これまた内容に文化的評価などまったく無視、ひたすら高い数字のみを要求してきた。それによって、数字の上下だけがテレビ番組の価値とされる視聴率戦争がテレビ各局間で勃発。

そうなれば番組の中身は、より多くの視聴者に歓迎される方向に流れてゆくのは当たり前の話だ。

ということで、テレビ番組はもともと低俗なものなのだ。

だから良識派の視聴者の皆さんも、テレビ番組を文化としてみないで、「ああ今こんな番組が流行っているのか」「こんな見世物があるのか」というようにテレビ特異の情報として見れば、やれ低俗だのなんだのと腹も立たないだろう。

この番組創作の精神は、五十年経った今も昔とちっとも変わっていない。

ということは、今後五十年も変わらないということだ。

悲しいテレビの定めである。


文中、敬称略、並びに妄言多謝。

解説に代えて――林先生とわたし

高土新太郎（ライター＆役者）

「読んだらこれ、お見舞いだよ」

そう言って手渡された原稿が、この本である。

そのとき私は、突然白血病患者となり、入院生活を余儀なくされていた。林圭一先生はお見舞いに来てくださったのだが、そのとき持参されたのがこの「お見舞い」である。

「テレビの黄金期、俺の青春時代が詰まってる。読めば、元気になるよ」


林圭一先生とは、本文にも出てくる日本テレビの番組『テレビ三面記事 ウィークエンダー』でお世話になった吉田勝介ディレクターの紹介で会った。70年代のことだから、もう40年ほど前のことになる。


この番組が評判になり人気を得た理由のひとつに、取り上げた事件を「再現フィルム」というドキュメンタリー・ドラマ仕立てで紹介するという手法があった。これを思いついたのが、番組の放送作家である林先生だった。

先生は「再現フィルム」というのをやりたいと、突然、吉田ディレクターさんに相談したそうだ。吉田さんは「高土新太郎なら、役者でも放送作家でも、できるだろう」と、林圭一先生に私を引き合わせてくれたのだった。それで企画が通ったらしい。

私は「再現フィルム」には、初回から100本以上出演した。『ウィークエンダー』は、一説によると社長の奥さんの鶴の一声でなくなるまで、9年間続いた。その間、NHKの大河ドラマ『黄金の日々』や二時間ドラマにも多数出してもらった。

『ウィークエンダー』がなくなって、吉田さんは異動され、定年まで制作現場には戻れなかった。これは勉強になった。使ってくれた人がいなくなると、仕事もいっしょになくなる、ということである。吉田さんは「高士くん、2、3年ガマンしていれば、制作に戻るから」と言っていたが、林先生は「もう戻らないよ」とつぶやいていた。


林圭一先生は、菊田一夫門下生で、当初日劇やコマ劇場で舞台監督を演(や)っていたのだが、テレビ業界に移る。主に日本テレビを舞台にしながら放送作家として活躍した。

放送作家とは、プロデューサーやディレクターの女房役として番組の構成をしていくのが仕事で、林先生たちは数々のアイデアを出し、ある意味で「悪名」高いが視聴率を稼いだ話題の番組を次々に成功させていった。本書にはその過程が具体的に描かれている。

そうした発想法やアイデア出しの方法、あるいは会議のやり方や人材育成法は、テレビに限らずさまざまな分野でのクリエイティブな場面に、必ずや大いなるヒントになるものと確信している。

吉田勝介ディレクターが、林圭一先生を紹介してくれた時、一つだけアドバイスをしてくれた。

「林さんは才能ある人だけど、○○の相談には乗るなよ」

私とは無縁のことなので「大丈夫ですよ」と、答えたことを覚えている。
○○にどんな文字が入るかは、ご想像にお任せします。

ここで私こと高士新太郎を、ご紹介します。

TTCというテレビタレントセンターを皮切りに、森川信芸能学校、青年座養成所、劇団新劇場、アングラ演劇を経験。日大の経済学部を出て、半年だけ就職して後は、俳優から企画や業界の底辺をぶらぶらしてきたというわけ。

「人喰企画」を立ち上げ、「ジョークカード」や「合格ふんどし」で有名な合格グッズ、「絶対合格時代」の本や「合格音頭」というレコードを世に出して、有頂天な時代を楽しんだこともあった。

同時に『ウィークエンダー』の再現フィルムを中心に、2時間ドラマのちょい役専門でやっていたが、落ち目になってきて、役者兼業でテレビ番組の構成作家やネタ作家ができないか、シナリオを書けないかという発想で、新井一さんのシナリオ・センターでお勉強を始めた。

アイデアマンとして企画には自信があったから何でもできるような気がして、マルチタレントを目指したのである。寺山修司さんが「職業は寺山修司です」と答えたように「職業は高士新太郎」ですとばかりに、行き当たりバッタリ面白いことをやり、芸能マスコミを徘徊していた。

4年くらい林圭一先生の付き人のようなことをやっていたこともある。毎週、先生を追っかけお茶を飲んで、言いたい放題、先生と遊んでいた。テレビタレント、俳優兼業の裏方稼業、『ルックルック』の取材ディレクターも10年間やらせてもらって、毎週クレジットが流れた。放送作家として先生といっしょにクレジットが出たのは「日本テレビ番組祭」の構成作家だけだったが。

周りに助けられ、ライター仕事のほかに、バナナの叩き売り、がまの油売り口上、漫談の修業をしたりして、どマイナーで50年、「マルチタレント」活動を続け、現在「お笑い演芸ゆるゆる寄席」に、情熱を燃やしている。

林圭一先生との一番の思い出は、フランキー堺さんの全国手打ち興行を、先生の台本で企画したときのことだった。

フランキー堺さんの事務所がこの企画のお金の心配をして、ギャラの先付けつまり先払いを要求してきた。制作サイドは対応できなかったので、報知新聞にデカデカと記事が出てしまって、結局中止になった。私はちょい役をやらせてもらう話だったのだが、後始末のアルバイトをさせられ、おわびのポスター貼りに出かけたこともあった。

銀座の全日本ホテルに、ヤクザさんから借りたお金を待ってもらう交渉に行かされたことも。震えながら「林圭一先生はテレビの重要な会議で来られないから、代わりに弟子が来ました、高士新太郎と申します」と言って、どうにかこうにかその場を切り抜けた。

そんなことがあっても、先生は師匠である。その先生の名言。

「構成屋なんかは、やってりゃできる。相手の顔色と空気を読んで、流れをしっかりとつかむ。できなきゃ、仕事がなくなる。それだけだ」「ディレクターはすぐ飛ばされる。いつも二、三人とつき合え」とも。

テレビの構成は、あくまでも局の意向を読んで企画を立ち上げるしかない。落とし所の予測と、企画は相関関係にあるということだ。

先生は直接的には何にも教えてくれなかったが、これが一番の教えだったような気がしてならない。

関連年表

※太字は本文の関係の深い番組

1945（昭和20）年　スポーツ、新劇、音楽会が復活。ラジオからは軽音楽、放送劇が流される。
46年「リンゴの唄」ヒット。NHK『素人のど自慢』登場。初のクイズ番組『話の泉』。宝塚、紙芝居、プロ野球再開。
47年　新宿・帝都座で初のストリップショー、「額縁ショー」の異名。
48年　美空ひばりデビュー。
50年　朝鮮戦争、日本で特需。
51年　NHK、テレビ実験放送で初の野球実況中継。ラジオで第1回紅白歌合戦放送。パチンコが全国的に大流行。
52年　NHKの連続ラジオドラマ『君の名は』開始。
53年　NHKテレビ開局。『ジェスチャー』人気。大晦日に『紅白歌合戦』。日本テレビ開局。
54年　電気洗濯機、冷蔵庫、掃除機が「三種の神器」。邦画絶好調。『ゴジラ』『七人の侍』『二十四の瞳』。『地獄門』カンヌでグランプリ。都内の街頭テレビで、力道山がヒーローに。
56年　大宅壮一がテレビ普及に対し「一億総白痴化」と。経済白書「もはや戦後ではない」。石原裕次郎登場。テレビコメディ『お笑い三人組』開始。

57年　NHKがFM放送開始。なべ底不況。

58年　東京タワーが完成。ミッチーブームでテレビ購入急増へ。日劇ウェスタン・カーニバル。ロカビリーブーム。**『光子の窓』**。

59年　民放が開局。米国製テレビドラマ花盛り。『ペリー・メイスン』『ローハイド』。アニメ『ポパイ』。長寿番組開始『スター千一夜』、『世界飛び歩き』は後の『兼高かおる世界の旅』。クレイジー・キャッツ『おとなの漫画』。

60年　反安保闘争。カラーテレビ放送開始。プロレスのジャイアント馬場、アントニオ猪木がデビュー。

61年　音楽バラエティー『シャボン玉ホリデー』、NHK『夢で逢いましょう』。加山雄三主演の若大将シリーズ開始。

62年　テレビ受信契約数1000万突破。植木等が『無責任男』で絶好調、吉永小百合は優等生的青春スターに。本格的テレビ時代へ。『てなもんや三度笠』関西で最高視聴率64・8%。

63年　NHK初の大河ドラマ『花の生涯』。『鉄腕アトム』『8マン』『鉄人28号』『狼少年ケン』人気テレビアニメ続々。**『圭三ビッグプレゼント』**。**『今晩は裕次郎です』**。

64年　東海道新幹線が開業。東京オリンピック。朝のワイドショー、大家族ドラマ『七人の孫』、人形劇『ひょっこりひょうたん島』開始。**『おのろけ夫婦合戦』**。

65年 『青春とは何だ』で熱血学園ドラマ指導。男性向け深夜放送情報番組『11PM』開始。『**踊って歌って大合戦**』。
66年 カラーテレビ、カー、クーラーが「3C＝新三種の神器」。日本の総人口1億突破。ビートルズ来日。GSラッシュ。連続テレビ小説『おはなはん』平均視聴率46％。長寿番組『銭形平次』もスタート。
67年 初のラジオ深夜放送『オールナイトニッポン』。『**ご両人登場**』。『**街ぐるみワイドショー**』。
68年 GNP米国に次いで2位に。『**お昼のワイドショー**』開始。
69年 テレビ受信台数が世界一に。『8時だヨ!全員集合』。『**コント55号の裏番組をブッ飛ばせ!!**』。どっきりカメラ。ナンセンスコント番組『巨泉×前武ゲバゲバ90分!』。
70年 大阪万博。CMコピー「モーレツからビューティフルへ」。C・ブロンソンは「ウーン、マンダム」。『**TVジョッキー**』。
71年 NHK総合テレビ、全カラー化。『仮面ライダー』が爆発的人気。
72年 『ありがとう』視聴率40％以上。『必殺仕掛人』『太陽にほえろ!』が人気番組に。『**あなたのワイドショー**』。
73年 第1次石油ショック。「省エネ」が流行語に。米国番組『刑事コロンボ』。『スター誕生』出身の桜田淳子、山口百恵、森昌子で「花の中3トリオ」誕生。
74年 テレビアニメ『宇宙戦艦ヤマト』放映。アニメブームの先駆け。

75年　『欽ちゃんのどんとやってみよう！』。『**テレビ三面記事　ウィークエンダー**』。
76年　タモリ4カ国語麻雀、ハナモゲラ語が大うけ。『**蝶々・談志のあまから家族**』。
77年　カラオケブームの始まり。山田太一のドラマ『岸辺の家族』話題に。
78年　キャンディーズ解散。
79年　第2次オイルショック。『**ルック・ルックこんにちは**』。

細田正和・片岡義弘著『明日がわかるキーワード年表』（2009年、彩流社）を参照して作成。

[著者紹介]

林圭一（はやし・けいいち）

放送作家。昭和 23 年（1948）古川緑波一座文芸部。28 年（1953）東宝日劇制作室。30 年（1955）東宝劇場制作室。33 年（1958）新宿コマ劇場制作室。38 年（1963）退社。以後放送作家として NTV を中心に TV 各局の番組構成を担当、平成 6 年（1994）まで。

装丁………佐々木正見
DTP 制作………勝澤節子
編集協力………田中はるか

ヒット番組のつくり方
実録 放送作家が明かすテレビ黄金期の舞台裏

発行日❖2015 年 12 月 20 日 初版第 1 刷

著者
林圭一

企画協力・解説
高土新太郎

発行者
杉山尚次

発行所
株式会社言視舎
東京都千代田区富士見 2-2-2 〒 102-0071
電話 03-3234-5997 FAX 03-3234-5957
http://www.s-pn.jp/

印刷・製本
モリモト印刷㈱

ISBN978-4-86565-039-6 C0074